讓顧客主動踏入的高信任銷售

慢熱成交

Slow transaction

學會十二步驟，把「我再想想」變成「我現在就要」

躍升智才 著

銷售不是話術堆疊，而是洞察人心的藝術

● 從初次對話到長期合作，業務高手全憑心理戰與信任感 ●

目錄

序言
業務的未來,不止於成交　　　　　　　　　　005

第一章
打造銷售基礎:信念、個性與心理素養　　　009

第二章
理念即戰力:建立以顧客為核心的銷售觀　　035

第三章
成為備戰高手:成交前的心理與形象準備　　059

第四章
挖掘成交機會:找對客戶比什麼都重要　　　081

第五章
打開第一次對話:接近潛在客戶的技術　　　103

目錄

第六章
讀懂需求,才能成交:從洞察到提案的核心力　129

第七章
開啟第一次會談:初次拜訪的心理與策略設計　157

第八章
再訪提案力:建立銷售的續航循環　183

第九章
拒絕是進場訊號:轉念、應對與進一步挖掘　209

第十章
商談桌上的心理戰:用策略談出好成交　235

第十一章
成交不是結束,是關係的開始　257

第十二章
打造永續競爭力:從業務員到策略思維者　287

序言
業務的未來，不止於成交

我們都聽過這句話：「業務是一切的起點。」的確，從創業初期的陌生開發、資源匱乏，到企業壯大後的客戶關係經營與市場拓展，業務始終站在企業與市場的第一線。但在這個變化愈來愈快、競爭愈來愈激烈的時代，業務的定義，是否該重新思考？

在過去，業務被定義為「銷售者」——以成交為目標，以說服為手段。但如今，客戶擁有更多資訊、更高標準，也更願意相信價值共創而非單向推銷。於是，業務不再只是「把東西賣出去」，而是「幫助顧客做出正確選擇」，進而成為品牌的信任代理人、服務流程的設計師，甚至是公司策略的建議者。

這本書，就是寫給準備走上這條轉型之路的你。

◎當代業務，從說服者到顧問者

我們觀察到，一位表現穩定、成效突出的業務，不僅精於話術與提案，更懂得洞察需求、預測阻力與設計對話節奏。他們具備「顧問型業務」的核心能力，能協助顧客解決問

序言　業務的未來，不止於成交

題，也能成為內部的價值推進者。

「成交」不再是最終目標，而是信任建立、需求理解與價值交換自然延伸的結果。從業務變成顧問，最大的關鍵，不是說話變多，而是傾聽變深、思考變廣、方法變柔軟。

而這些能力，都可以透過學習與實踐獲得。

◎策略化、系統化、職涯化的業務設計

寫這本書的起點，是希望讓所有在職場上以業務為起點的人，看見另一種可能性：你不只是簽約機器，你可以成為決策影響者、內容創作者、流程優化師、數據解讀員，甚至未來創業的主導者。

我們將全書分為十二章，每一章都是你在不同業務職涯階段中，會面對的核心議題與關鍵技能：

首先從心理建設與形象養成（第三章），進入客戶開發、拜訪策略、提案設計與異議處理（第四至第十章）；

接著進入後端系統，如售後服務、會員經營、口碑推廣與關係深化（第十一章）；

最終則以策略性職涯設計為總結（第十二章），讓你理解：業務工作，不是一場短跑，而是一條可以用來打開未來無限選項的通道。

每一章都結合了實務架構、行為心理、數位工具與案例設計，讓你在閱讀理論時，也能馬上看到如何實踐、應用與成長。

◎寫給正在努力的你

如果你是一位剛進入職場的新手業務，這本書能幫助你快速建立邏輯與信心，讓你知道：每一個會說話的高手，背後都有一套提問架構；每一位穩定表現的業務，都有一個紀律計畫在運行。

如果你是一位已在業務場上打滾幾年的熟手，這本書會幫助你跳出既有舒適圈，重新校準下一個階段的成長軌跡，找到「再升一級」的切入點。

如果你是一位業務主管、團隊領導者，這本書也能成為你培養團隊時的內部教材與對話基礎，協助你系統化整合團隊能力，創造更穩定的業績與更具深度的品牌形象。

◎真正的高手，是持續練習的人

我們始終相信，業務的世界不是贏在起跑點，而是贏在反曲點。當你學會重新定義每一次拜訪的目標、設計每一場簡報的邏輯、衡量每一次拒絕的背後訊號時，你的競爭力就不再來自業績，而是來自「理解人、掌握情境與創造價值」的能力。

序言　業務的未來，不止於成交

請相信：業務不是中繼站，而是最好的出發點。在這條路上，我們邀請你，一起成為一位更有策略、更有深度、更被信任的頂尖業務工作者。

第一章
打造銷售基礎：
信念、個性與心理素養

第一章　打造銷售基礎：信念、個性與心理素養

第一節
銷售的起點：成功信念的心理科學

信念是業績的起跑點，不是銷售話術

銷售工作的真正開始，不在電話撥出的那一刻，也不在拜訪客戶的那一瞬，而是在心中許下「我一定成交」的那一念。信念不是天賦，也不是幻想，它是來自內在心理建構的結果。

美國賓州大學心理學家馬汀·塞利格曼（Martin Seligman）所提出的「習得性樂觀」（Learned Optimism）理論指出，當人能以暫時、外部、具體的方式來解釋挫折，就能培養出較高的心理韌性與行動力。這種解釋方式與業務工作的性質密切相關，因為一名業務員一天可能遭遇五次、十次甚至更多次的拒絕，若每一次都被視為個人失敗，很容易走向倦怠或逃避。

成功的業務信念，不是來自一時激勵的雞湯語錄，而是日復一日「面對拒絕、調整信念、繼續行動」的心理循環。這不僅關係個人情緒穩定，更直接決定行動是否持續。

第一節　銷售的起點：成功信念的心理科學

案例：信念訓練創造 18% 成交成長

某大型壽險公司引進一套八週的「正向心態培訓計畫」，由企業心理師設計，內容包括每日自我肯定練習、認知重塑訓練與成功日誌書寫。參與者在結訓後三個月內，平均成交件數比同期未參與者高出 18%，續保率也顯著上升。

其中一位參與學員，原本在第三個月業績掛零，甚至考慮轉職，但在結訓後開始每天書寫「我今天幫助哪一個人做出好決定」，逐漸從「害怕被拒絕」的焦點，轉為「我要服務對方」。這個轉換不只重塑了他的自我認知，也讓他在之後連續四個月進榜百萬圓桌。

這證明了一件事：信念能被設計、練習，進而轉化為具體成果。

心理學中的三個信念建構要素

根據行為科學家芭芭拉・佛瑞德里克森（Barbara Fredrickson）在其正向情緒理論（Broaden-and-Build Theory）中指出，正向信念會擴展個體的注意力與思考能力，提升創造力與社會連結力，這對銷售員來說至關重要。

實務上，要養成可支撐高績效的銷售信念，建議從以下三點著手：

011

- 目標內化：不是「我要賣出去」，而是「我要幫助顧客做正確選擇」。當目標變得有意義，行動就不再是壓力。
- 語言轉換：把「我害怕被拒絕」轉換為「我正在練習溝通能力」，把「我業績好差」轉換成「我正在尋找有效的方法」。
- 視覺化練習：每天花三分鐘想像「自己完成一筆高品質成交」的過程，讓大腦提前習慣成功的情境與情緒狀態。

這三點，其實與運動心理學中的「運動表現可預演」模式一致。當心理進行正向模擬，大腦會啟動與實際經歷類似的神經迴路，使行為更流暢。

信念不是盲信，而是行動的燃料

必須澄清的是，「成功信念」不是自欺欺人的樂觀主義。它不是忽略風險、裝沒事的自我安慰，而是基於「我的行動會產生正向影響」的信任感所構築。

如同醫療從業者不會在還沒開刀前就擔心手術失敗，專業業務員也不應在尚未開口前就想像拒絕的到來。信念提供的是「值得一試」的勇氣，而不是保證成功的幻想。

一位資深汽車業務在經歷家庭變故後，業績直落，甚至考慮提前退休。但他透過每日三分鐘錄音給自己打氣的方式

（自我語言回饋訓練），在半年內重返前三業績。他說：「我知道我不是完美業務，但我告訴自己，我是誠實幫人做選擇的人。」

這種信念讓他「敢說話」，也讓客戶「敢相信」。

結語：從信念起跑，讓行動接棒

銷售的第一步從信念開始。信念不是寫在願望板上的空話，而是每次遭遇拒絕後仍選擇相信「還有下一次可能」的堅持。心理學告訴我們，人可以學會樂觀；實務案例告訴我們，信念可以創造結果。

從今天起，請試著每天問自己：「我相信我所做的事情有價值嗎？」、「我是否願意在還沒看到成果前，繼續堅持信念？」

當你願意這麼問自己，也許你離下一次成交，已經不遠了。

第二節
個性塑造力：外向或內向皆可成交

拆解迷思：外向者才適合當業務？

傳統印象中，「外向的人適合跑業務、內向的人適合坐辦公室」幾乎成為職場不成文的共識。然而，近年心理學與行銷學的實證研究逐漸打破這項迷思。2013年，賓州大學華頓商學院教授亞當・格蘭特（Adam Grant）發表研究指出，介於外向與內向之間的「中間型人格」（Ambivert）在銷售表現上勝出所有極端類型，其平均銷售成績甚至比外向者高出24%。

中間型人格擁有內向者的傾聽力與觀察力，也保有外向者的主動與表達能力，能更彈性地調整溝通策略，進而提升顧客信任度與成交率。

內向特質反而更具說服力？

事實上，內向者在銷售中並不處於劣勢。許多內向者擁有良好的邏輯組織、深度傾聽能力與高度準備精神，這些特質往往比強勢推銷更能打動顧客。顧客在現代消費決策中，

最重視的是「被理解」與「被尊重」，而非單方面資訊灌輸。

以一家健康食品直銷新創為例，其中一位銷售成績最佳的業務員為內向型女性，同事甚至形容她「講話很小聲、從不打斷人」，但她擅長在第一次訪談後寄出客製化建議書與營養分析圖表，並在第二次拜訪中提出數據支持的解決方案，連續五季維持成交率超過 80%。

內向不是障礙，而是一種潛能，關鍵在於是否懂得轉化特質為優勢策略。

外向者如何避免過度主導？

相對地，外向型業務員雖然擅長社交開場與建立氛圍，但也容易陷入「講太多、問太少」的盲點。在資訊過載時代，顧客更需要「有組織、有針對性」的資訊，而非滔滔不絕的產品功能說明。

某汽車展間進行業務話術診斷實驗，發現銷售績效落後者平均講話時間為顧客的 2.8 倍，而高績效者則控制在 1.4 倍內。研究指出，良好的銷售對話應該呈現「提問與聆聽」為主的結構，主動掌握談話節奏，但不壟斷內容焦點。

因此，外向者若能學會適時「收話」，將原本的親和力轉化為精準問句與引導式回應，往往能在面對高價值客戶時展現更成熟的專業形象。

第一章　打造銷售基礎：信念、個性與心理素養

個性可以重塑，而不是固定

　　心理學家卡蘿・杜維克（Carol Dweck）提出的「成長型思維」（Growth Mindset）概念指出，個性並非固定，而是可以透過學習與經驗進行塑造。對於銷售工作而言，這表示每一位業務員都能針對自身的個性特質進行「策略化塑形」，找出與顧客互動最有效的表達方式與節奏。

　　例如內向者可以透過預寫對話腳本、錄音模擬練習來提升語言流暢度；而外向者則可學習記錄顧客語言線索，降低自我主導的比例。這種自我塑造過程，本質上即是一種行為科學中的「回饋修正循環」，也是高績效業務最常運用的內在成長機制。

在國際職場中的應用實例

　　據產業觀察指出，Salesforce 長期重視銷售團隊內部的溝通風格與個性差異，一些業界顧問團隊曾以此為基礎，協助設計針對性格互補的溝通訓練工作坊。此類訓練中常見的實務做法包括角色互換與同理對話練習，例如：讓內向型業務員練習主導開場，而外向型同仁則強化傾聽與耐性回應的技巧，以提升協作與互補效果。

這類策略性訓練反映出一項重要趨勢：在銷售管理中納入性格多樣性觀點，不僅能促進團隊理解與互信，也有助於強化顧客互動品質。個性特質不再被視為限制，而是團隊策略與創造力的資源來源，唯有整合差異，才能建構更具韌性與協作力的銷售文化。

結語：
與其改變個性，不如學會塑造個性使用策略

　　銷售並非人格競賽，而是關係藝術。無論你天生外向或內向，重點不在改變自己，而是找到如何「運用自己」。

　　當你學會選擇合適的語調、節奏與策略來與不同類型的顧客溝通時，你不再是被個性主導的業務員，而是能駕馭溝通場域的銷售專家。

　　從今天起，不必再羨慕別人的個性，只需開始探索自己擁有的特質，然後學會正確打開它。

第三節
自我定位：成為值得信賴的業務角色

顧問角色崛起：業務不再只是推銷員

傳統上，業務人員常被視為「推銷商品的說客」，但在資訊取得便利、買方主導趨勢日益明顯的時代，這樣的角色定位逐漸失去顧客信任。根據 Google 與 CEB（現為 Gartner）在早期研究中指出，B2B 買家在與業務人員互動前，平均已完成約 57% 的購買決策流程。這意味著顧客不再需要更多資訊，而是需要一位能夠協助他們梳理選項、釐清需求的顧問型業務員。

顧問型業務的關鍵轉變，在於從「推動成交」轉為「協助決策」。這不只是語言上的轉換，而是從顧客視角出發的信任建立過程。當業務人員能站在顧客利益的立場思考與建議，才能真正贏得長期合作的可能性。這樣的角色重塑，正是現代銷售專業的核心所在。

什麼是專業感？從外在到內在的完整構築

「專業」一詞常被誤認為僅指產品熟悉度，實則包含三個層次：第一，資訊準備力；第二，溝通邏輯力；第三，判斷協助力。換言之，專業感不是背商品規格，而是讓對方感覺「你知道我該怎麼做」的信任框架。

例如在面對企業型客戶時，一名優秀的顧問型業務會在對話初期就拋出具參考價值的案例數據，並依照顧客現況提出兩至三種可行選擇，讓對方感受到「你不只是來賣東西，而是來幫我思考」。這種體驗往往比價格更具說服力。

信任是成交的前提，而不是結果

國際研究顯示，顧客決策時的三大核心考量為：信任、風險、價值。根據 2021 年愛德曼信任調查（Edelman Trust Barometer），超過 68％的消費者表示「是否信任推薦者」會直接影響他們的購買決定。

換句話說，當業務員無法建立信任基礎，後續的產品再好、價格再低，也難以轉化為成交。而信任的建立從來不是一次性的話術，而是長期一致的專業表現與情緒價值回饋。

第一章　打造銷售基礎：信念、個性與心理素養

國際企業中的顧問式轉型實例

2019年，美國商業軟體公司HubSpot針對其銷售流程進行轉型，逐步導入顧問式銷售策略，並重新定義團隊內部的角色分工。其模式中，前端成員專注於蒐集客戶需求與行為數據，後端銷售顧問則運用CRM系統進行個別化分析與提案。透過更清晰的職責劃分與流程優化，HubSpot強化了客戶關係管理，並提高企業客戶的長期合作意願。

這項實踐反映出一個重要趨勢：顧問式銷售不僅是溝通技巧的改變，更是組織策略與營運流程的系統性重塑。唯有從角色設計與信任建立著手，企業才能真正提升顧客黏著度與價值轉化能力。

如何進行自我定位的策略設計

若希望將自己從「說服者」轉變為「顧問者」，可從以下三個策略開始：

（1）建立市場觀點資料庫：蒐集同業趨勢、成功案例與失敗教訓，建立自己的知識儲備。

（2）練習非商品式對話：避免一開場就進入產品說明，改以問題導入、情境共感、選擇協助等方式切入。

(3)確保每一次互動都帶來「認知增值」：讓顧客每次跟你談完，都覺得學到新觀點或得到新啟發。

這三點構成了顧問型定位的基礎工程。

結語：從推銷轉向信任，從成交轉向影響

真正的業務專家，不是成交最多的人，而是「被最多顧客信任的人」。在資訊爆炸與選擇焦慮的年代，業務員的價值來自於引導而非灌輸、協助而非主導。

你可以選擇當一個說話很快的推銷員，也可以選擇成為顧客信任會再回來找你的顧問。差別只在你是否願意從今天起，重新定位自己。

第四節
銷售心理韌性：
抗挫折的內在動力來源

銷售是拒絕的藝術，而不是順利的遊行

銷售工作與其他職能不同，它是一場不斷被拒絕的日常挑戰。根據 LinkedIn 於 2021 年的全球銷售調查報告指出，平均每位 B2B 業務需聯絡 8～10 位潛在客戶，才能成功安排一場正式會談。而在這些會談中，最終成功簽約的比例不超過 20%。這意味著，大部分業務時間都在面對無回應、冷處理、甚至直接的否定。

這些過程若未妥善處理，將極容易引發心理疲乏與自我懷疑。具備「心理韌性」（resilience）能力的業務員，便能在每一次挫折中恢復狀態、調整策略、持續前行。

恆毅力（Grit）：銷售成功的無形條件

心理學家安琪拉・達克沃斯（Angela Duckworth）在其著作《恆毅力》（Grit）中指出，長期投入且具有熱情的堅持，

是預測個人成功的關鍵因素。銷售工作本質上就是一場持久戰，因此，恆毅力與韌性成為區分頂尖與平庸業務員的隱性條件。

2018 年，微軟歐洲區銷售部門針對業績表現前 10% 與後 10% 的員工進行訪談，發現前者在遭遇客戶取消訂單或延遲決策時，反應不是「被否定」，而是立刻啟動備案、尋找替代管道、重構提案方向。他們的共通特質是：將困難視為挑戰，而非證明自己不夠好。

情緒調節力：抗壓的第一線武器

心理韌性不僅與恆毅力有關，也與個人的情緒調節能力密不可分。根據美國哈佛大學商學院 2020 年研究指出，高績效業務人員具有較高的「情緒調節能力」(Emotional Regulation)，能在面對失敗時迅速回穩心態、不將情緒轉嫁給下一位顧客。

這樣的能力並非天生，而是透過訓練養成。例如：IBM 全球銷售培訓部門採取「失敗回顧會」制度，要求業務在無成交案件後提交簡要分析報告，重點不在檢討，而在於找出可改善之處。此機制讓錯誤被視為改善契機而非個人否定，進而減緩負面情緒。

支持系統：建立心理韌性的外部土壤

銷售不是一人戰鬥，而是一場需要團隊與制度支持的過程。許多企業透過建立「同儕支援機制」來強化業務心理抗壓力。

根據德勤（Deloitte）2020年發表的企業人力資源研究報告，顯示導入結構化同儕教練制度的企業，在新人適應速度與抗壓能力方面表現更佳。報告指出，實施「同儕教練計畫」（Peer Coaching Program）的企業中新進員工的離職率平均降低25%，且員工對心理支持系統的正向評價提升約30%。這項數據反映了有效的支持機制能大幅強化業務員在高壓工作中的心理穩定性。

養成銷售韌性的三個實踐建議

（1）制定拒絕追蹤日誌：記錄被拒原因、當下情緒與調整策略，讓挫敗成為資料庫，而非包袱。

（2）練習「情緒延遲回應法」：遇到負面狀況先暫停30秒，再回應或調整語氣，避免反射性情緒累積。

（3）每週進行勝利回顧：聚焦每週最小的成就，例如一場良好對話、一封積極回覆，以小勝利養大信心。

第四節　銷售心理韌性：抗挫折的內在動力來源

結語：穩定不是運氣，而是心理的訓練成果

高績效不是永遠不挫折，而是挫折來臨時，有能力重啟狀態的頻率更快。心理韌性就像肌肉，需要刻意訓練、定期補充、並置於正確的支持環境中。

銷售的世界沒有永遠順利的劇本，但每位頂尖業務員都寫得出自己面對挫折的操作手冊。從今天起，你也可以開始撰寫屬於自己的那一本。

第五節
擺脫心魔：
焦慮、自我懷疑與行動力提升

成功之前，先與自己對話

銷售不只是一場對外溝通的戰役，更是一場對內心的拉鋸。許多業務員在拜訪前感到焦慮、在打電話前遲疑，原因往往不是技巧不足，而是內心對於「被拒絕」的過度放大。這些焦慮、拖延、自我否定的狀態，被心理學歸類為「內在阻抗」（Internal Resistance）。

根據美國職涯研究機構 Zenger / Folkman 於 2022 年發表的調查，約有 58% 的初階業務員曾因「預期失敗」而選擇不行動，這說明自我懷疑已成為阻礙業績提升的重大變數。

五秒行動法：跳脫猶豫的心理技巧

梅爾‧羅賓斯（Mel Robbins）所提出的「五秒法則」（The 5 Second Rule）提供一個極具實用性的行動介面：當內心出現拖延念頭時，立即心中倒數 5、4、3、2、1，然後立刻行

動。這個技巧的原理在於打斷大腦中的拖延迴路，進而阻斷焦慮升高。

這項技巧已被許多企業採用作為業務行動訓練的一環。例如：歐洲保險科技公司 WeFox 曾在 2021 年的內部銷售培訓中，導入「五秒法則」作為每日晨會的行為啟動練習。該方法鼓勵業務人員在猶豫之前立即行動，如迅速撥出第一通陌生開發電話，或即時展開客戶接觸。根據內部觀察，此行為挑戰的實施，有助於降低心理抗拒、提升行動頻率，並在短期內有效拉升團隊的外部接觸量。

自我語言重塑：從懷疑語言轉向建設語言

我們對自己說的話，會決定我們是否前進。許多業務員在遭拒後常說「我可能不適合做業務」、「他們不想理我」，這些語句不但無法解釋現況，反而加深心理壓力。心理學家亞伯・艾里斯（Albert Ellis）的理性情緒行為療法（REBT）指出，語言會強化情緒評價，語言越絕對、越否定，個體行動力越低落。

建議使用轉換語句如：「我正在學習應對這種情況」、「這次沒成功，我學到新的方法」、「我的提問方式還可以再調整」，讓語言為行動開出新空間。

第一章　打造銷售基礎：信念、個性與心理素養

建立行動動能：將小步驟變成系統習慣

行動力來自可執行感。根據史丹佛大學行為設計實驗室主任 B. J. Fogg 的「微行為模型」（Tiny Habits），若一項任務被分解為極小可完成動作（如撥一通電話、寫一封三行信），個體啟動的阻力會大幅降低，成功率自然提升。

根據 2021 年《哈佛商業評論》發表的實務案例，全球客服平臺 Zendesk 在業務訓練中導入「微目標拆解法」，將一日銷售任務劃分為簡單明確的可執行行為單元，並設計每日回饋與互評流程。推行六週後，團隊在拜訪完成率與回應品質上均呈現顯著提升，並特別強化了新人在前三個月的行動穩定性。

焦慮是訊號，不是警報

焦慮的出現並不代表錯誤，而是提醒我們「這裡有待練習的空間」。將焦慮視為訊號，可以幫助我們停下來做準備，而不是轉身逃跑。正如臨床心理師茱莉・史密斯（Dr. Julie Smith）所言：「你不需要不焦慮才開始行動，你可以邊焦慮邊前進。」

頂尖業務員從不等到毫無壓力時才出發，他們學會的是「與焦慮共處，仍然選擇行動」。

第五節　擺脫心魔：焦慮、自我懷疑與行動力提升

結語：行動力來自心理工程的重組

焦慮、自我懷疑與拖延，不是缺陷，而是心理結構中的自然現象。重點不在於消除這些感受，而是學會如何與它們共處、引導它們、讓它們成為驅動我們持續行動的能量。

每一次當你準備放棄時，請記得：這不是你不夠好，而是你正站在前進與退縮的十字路口。用一句行動語言、一個五秒倒數，開始下一個可能的成功。

第六節
職場新手的行動地圖：
從挫敗走向穩定

新手期不是考驗能力，是考驗系統

許多剛進入銷售領域的職場新鮮人，在前 90 天最常面對的挑戰並不是來自於產品不熟悉或話術技巧不夠，而是在缺乏明確節奏感與支援機制的情況下，無法持續行動、容易陷入自我懷疑的循環。

根據多項國際研究顯示，許多新進業務人員在入職初期容易出現自我懷疑與適應困難。常見挑戰包括工作目標不清晰、學習節奏難以掌握、缺乏導師與同儕支援，以及因遠距或跨部門環境產生的孤立感與心理壓力。根據 Gartner 研究指出，缺乏有效的入職規劃，將降低員工投入度與績效表現，而良好的入職體驗則能顯著提升新人的工作信心與協作意願。

這些發現強調：一個具備結構性、支持性與高互動性的入職系統，對於銷售團隊尤其關鍵。唯有提供清楚的目標、持續的教練支持與心理安全感，才能協助業務新人在起跑階段建立信心、縮短磨合期，並發揮潛能。若缺乏系統化的任

務導引與階段性回饋，即便是具備潛力的人才，也可能在試用期內提早流失。這突顯出企業在新手訓練期內提供「明確架構與心理支持」的重要性。

因此，真正決定新手能否度過轉折期的關鍵，不是個人意志力，而是是否擁有一套清晰可執行的行動地圖。

三階段任務設計：任務、回饋、再設計

一份有效的新手行動地圖應包含以下三個層次：

◆ 日任務標準化：設定具體量化指標（如每日通話 10 人、傳遞 3 封提案信）；
◆ 週次檢核回饋：每週設立檢核表與導師回饋機制，追蹤是否落實行動與掌握學習回饋；
◆ 月目標再設計：每月依據成效進行目標調整與個人化訓練路徑設定。

根據 Sales Enablement Pro 於 2022 年發布的報告，在北美科技產業中，導入清晰且系統化銷售啟動（Sales Onboarding）流程的企業，相較於缺乏此機制的組織，展現出更佳的人才留任與學習成效。報告指出，這類組織的業務新進人員參與度平均提升 22%，並顯著降低早期流失風險。此外，這些企業的新進業務員更有可能在較短時間內達成上手標準，

進一步強化整體團隊的績效穩定性。

此研究反映出一項關鍵趨勢：有系統地規劃入職訓練與銷售啟動階段，能有效強化新進人員的工作信心與產出速度，並為整體業績表現奠定良好基礎。

把學習變成肌肉記憶：從聽懂到做到

新手業務常有一個陷阱：「以為懂了就等於會了」。但銷售是需要反覆練習才能內化的行為，因為知識的理解不等同於行為的表現。根據 *Training Industry* 2021 年 1～2 月期刊的報導，銷售訓練模擬為業務人員提供了練習關鍵技能的機會，有助於他們在實際銷售情境中表現得更好。進一步分析也顯示，這類練習若結合個案回顧與同儕回饋，其影響力會更加顯著，不僅提升應對流暢度，也增強對提問順序與回應策略的熟練程度。研究者建議企業在新手訓練中設計結構化、可量化的模擬歷程，並安排有經驗的導師協助評估表現，讓模擬結果轉化為實戰準備的核心工具。

企業如 Salesforce 與 SAP 已將「模擬提案實境訓練」列為新手培訓標配，設置低風險的反覆演練場域，使新人在真實挑戰來臨前就熟悉應對節奏。

先抓節奏，再求效率：
前 90 天不拼績效，拼慣性

前期的業務工作不是要立刻成交，而是先建立「持續行動的節奏感」。這是行為心理學中稱為「啟動動能階段」的策略基礎。研究指出，在固定時間做固定事（如每天 10：00～11：00 為陌開時段）能有效降低拖延與自我懷疑。

根據 2021 年《哈佛商業評論》的報導，美國軟體公司 Asana 實施區段任務管理（Block Scheduling）制度，幫助新進業務員每日分段安排資料準備、溝通回覆與回顧反思三類任務。導入該制度後，該團隊在三個月內自評生產力提升達 38％，並在內部調查中表現出更高的心理穩定感與持續工作動能。這顯示節奏感建立，是心理穩定與績效成長的先決條件。

建立信任圈：新手成長不靠單打獨鬥

一個人學得再快，沒有人可以陪伴檢視與鼓勵，也會很快失速。Slack 在 2022 年推行「同行小組教練制」，每四位新人為一組，共用導師、共練提案、共評績效，讓學習變成合作而非競爭。導入三個月後，新人 90 天留任率上升 27％，互動表現提升顯著。

這些數據反映出：沒有誰能靠自己熬過轉職焦慮，支持性的學習共同體，是新手翻轉心態與行為的關鍵動力。

結語：把穩定當作策略，而非運氣

穩定不是等來的，是一個經過設計的過程。對銷售新手而言，前三個月不是用來證明自己，而是用來建立節奏、行為模組與心態基礎。只要方向正確、節奏明確、支持到位，每個新手都能從混亂中走向穩定，從懷疑中培養信心。

行動地圖給的不只是效率，更是一種「我知道我該怎麼開始」的內在安全感。

第二章
理念即戰力：
建立以顧客為核心的銷售觀

第二章　理念即戰力：建立以顧客為核心的銷售觀

> **第一節**
> **銷售觀念轉型：**
> **從產品思維到顧客思維**

傳統思維的局限：產品為王的時代已過

在 20 世紀的銷售邏輯中，企業通常將產品作為競爭優勢的核心。這種「產品導向」思維主張：只要產品功能夠強、規格夠新，顧客自然會掏錢買單。然而，隨著資訊透明化與市場選擇性激增，單靠產品規格已難以區隔品牌價值。根據麥肯錫公司（McKinsey & Company）2020 年的研究指出，如今超過 70％的消費者在決策時更看重與品牌互動的整體體驗，而非產品本身的功能優勢。

這樣的轉變讓傳統「我有、我強、我賣」的銷售邏輯失去吸引力，迫使企業重新思考銷售價值的起點與終點。

顧客導向：從功能導向轉為價值主張

顧客導向（Customer Orientation）主張以顧客需求與感受為設計與溝通的核心。相較於強調商品本身，「顧客導向」更

第一節　銷售觀念轉型：從產品思維到顧客思維

關注：產品能否解決顧客問題？是否融入顧客的使用情境？是否提供實質的價值感與信任基礎？

《哈佛商業評論》2021 年的一項實驗指出，當業務以「這產品能讓您每月節省 X 小時工作時間」為訴求時，顧客的購買意願顯著高於以「產品規格為主」的銷售方式，成交率提高 29%。這說明業務員若能「翻譯」產品功能為顧客能理解的實用價值，更容易取得信任並促進成交。

案例：亞馬遜如何從顧客視角出發

亞馬遜（Amazon）是實踐顧客導向策略的經典案例。創辦人傑夫‧貝佐斯（Jeff Bezos）在多次公開信中強調：「我們的產品不會主導策略，顧客的需求與抱怨才會。」這樣的信念落實在許多制度設計上，例如 1-Click 下單、無條件退貨、Prime 會員免運與加速配送等服務。

根據 Statista 2022 年的統計，亞馬遜連續五年蟬聯全美顧客滿意度前五名，並於 COVID-19 疫情期間透過擴大物流能力與遠距工作支援產品線，成為全球少數逆勢成長的電商企業。

亞馬遜的關鍵並不在於價格，而在於「是否減輕顧客的不便、解決顧客的焦慮」。這正是顧客導向銷售邏輯的實踐核心。

三層轉變邏輯：顧客思維的具體落地

（1）從商品敘述轉向場景敘述：不再強調產品規格，而是描述在顧客生活中如何被使用。

（2）從單向推播轉為互動理解：設計對話而非獨白，讓顧客參與問題定義與解決。

（3）從一次交易轉向長期關係：以後續服務、會員制度與售後價值鏈維持顧客黏著度。

這些策略讓顧客不只是在「買產品」，而是在「投資一段值得信任的關係」。

設計思考導入銷售邏輯的成功案例

IBM 自 2018 年起在全球銷售團隊導入設計思考（Design Thinking）流程，將顧客痛點與流程體驗納入提案設計。根據該公司內部報告，導入設計思維後的團隊，平均中標率上升 33%、銷售週期縮短約 18%。這不只是技巧改變，而是整體商業邏輯的重構：以人為本、以需求為根、以體驗為核。

結語:不是改話術,而是改邏輯

轉型不是把產品換個說法賣,而是從根本改變「我們為什麼賣」。顧客導向不是短期的銷售策略,而是長期的信任工程。

真正有效的銷售者,不是告訴顧客產品有多好,而是幫助顧客理解「這個選擇對你有多重要」。

第二節
資訊即價值：
讓資料成為會說話的工具

資訊不再只是支援，而是決策引擎

在數位化的今天，資訊已不再只是背景資料，而是驅動銷售行動的主引擎。根據《哈佛商業評論》2021年的一項報導指出，高績效銷售團隊會在每一次客戶互動前調閱多元來源的顧客資料，包括歷史交易紀錄、網站行為分析、電子報點閱行為與社群媒體互動紀錄等。這些資訊經過交叉比對後，能顯著提升對話內容的相關性與顧客認同感，進而提高成交效率。

換句話說，資料的掌握程度直接決定了業務員是否能與顧客對話在「同一頻道上」。缺乏資料支持的提案，只能仰賴運氣；但建立在數據基礎上的對話，則更有機會獲得顧客認可與信任。

第二節　資訊即價值：讓資料成為會說話的工具

資料驅動銷售的三層策略架構

1. 掌握基本資訊，減少錯誤對話

如職稱、職責、產業趨勢與決策角色，能讓銷售員一開始就避開不必要的誤判。

2. 分析行為數據，推測潛在動機

透過 CRM 或網站分析工具觀察顧客瀏覽頻率、點擊類型與停留時間，判斷其關注重點與可能的需求痛點。

3. 串接即時訊息，動態調整節奏

結合客戶最近活動，如社群發文、公開發言或產業新聞，提供最即時的價值連結與切入話題。

這三層架構讓業務從資料中抽取出「上下文意義」，而非只是一組冷冰冰的數據報表。

案例：Snowflake 如何用數據提案贏得市場

Snowflake 作為雲端數據平臺的領導者，其成功之處不僅在於技術架構，更展現在如何善用數據驅動整體業務流程。根據公司截至 2025 年初的財報，其淨收入留存率（Net Revenue Retention Rate）高達 126％，並擁有超過 580 家年度產品收入逾百萬美元的大型企業客戶，顯示其客戶關係維繫與商

▍第二章　理念即戰力：建立以顧客為核心的銷售觀

業擴張表現穩定且具韌性。

　　作為數據即服務（Data-as-a-Service）的代表性企業，Snowflake 所提供的資料分析功能，顯然已深度融入業務流程。其銷售團隊可透過內部資料模型掌握客戶行業趨勢、使用行為變化與潛在需求，使提案策略不再依賴話術或經驗，而是建立在「可驗證的預測性洞察」上。這樣的數據導向提案，正是其能在高競爭市場中持續縮短銷售週期、提升客戶續約意願的關鍵之一。

　　這顯示：與其用時間教育顧客，不如透過精準的資料洞見，在對話開始前就建立專業信任。

如何讓資料「會說話」：工具與行為的結合

　　現代業務不需要成為資料科學家，但必須懂得如何讓資料轉化為「銷售語言」。以下是三個關鍵行動原則：

　　（1）使用視覺化工具（如 Tableau、Looker）簡化複雜數據，讓顧客能一眼理解趨勢或落差。

　　（2）搭配情境化語言，如：「根據您過去三個月的流量，我們預估……」取代「這功能很強大」的空泛描述。

　　（3）每一次互動都建立在前次資料基礎上，避免每次都從零開始建立信任。

　　銷售資料應該像是「對話的前導片」，而非「事後附錄」。

第二節　資訊即價值：讓資料成為會說話的工具

結語：資料不是冷冰冰的報表，是溫度與洞察

資訊真正的價值不在於量，而在於其「轉譯能力」。當一位業務員能善用資料說出顧客在意的事、描繪顧客尚未察覺的需求、解釋顧客難以陳述的困擾，他便不只是銷售者，而是顧問與策略夥伴。

讓資料說話，就是讓銷售過程具備預判、關聯與意義。那正是顧客信任的起點。

| 第二章　理念即戰力：建立以顧客為核心的銷售觀

第三節
時間管理術：
讓八小時發揮十六小時效果

業務時間不是不夠，而是用錯方式

在業務職場中，「忙」常被當作一種努力的象徵，但實際上，「忙碌」不代表有效率。根據《哈佛商業評論》於 2022 年針對超過 800 位全球業務代表的研究顯示，約有 41% 的時間被浪費在不產生價值的行政作業與非關鍵互動中。換言之，不是沒有時間，而是時間沒有被有效配置。

有效的時間管理不在於把工作「塞滿」，而是懂得區分哪些行動真正推動了成交與信任，哪些則只是「讓你看起來有在做事」。

時間配置的黃金法則：銷售日內結構設計

高績效業務員通常將每日工作區分為三大時段：

◆ 高效能區段（早上 9 點至中午 11 點）：安排最關鍵的銷售行動，如陌生開發、精準提案與高潛力顧客對話。

- 支援性時段（下午 1 點至 3 點）：處理內部會議、資料整理與內容製作。
- 補強與回顧段（下午 4 點至 6 點）：安排舊案跟進、CRM 更新與隔日行程規劃。

這種結構設計能讓大腦與時間同步發揮高效，並避免「任務堆疊型拖延症」。

案例：Atlassian 的業務節奏重構

2021 年，軟體公司 Atlassian 針對其亞太地區的銷售團隊進行「節奏優化計畫」，要求業務每週至少留出 8 小時的「聚焦時段」，並使用 Trello 工具建立每日三件最重要任務（MIT：Most Important Tasks）。此策略實施三個月後，內部報告顯示業務成員的客戶回覆時間平均縮短 23%，月均成交件數提升 15%。

該計畫強調「不是多做，而是做對」，從而重塑了業務對時間價值的認知。

防止時間流失的三大錯誤

(1) 過度回應非關鍵訊息：即時回覆 Email 或訊息，若非緊急，多集中安排時間批次處理。

第二章　理念即戰力：建立以顧客為核心的銷售觀

（2）會議未設目標與結束時間：避免空泛討論，所有會議需明確設定「輸出目標」與「時限」。

（3）無追蹤回顧機制：每天無回顧，容易遺漏關鍵細節並重複低效行為。

這三個錯誤若未妥善管理，將成為時間的隱形殺手。

工具與行為結合：打造個人效率儀表板

現代業務時間管理應融合數位工具與自我行為建設：

- 使用 Notion 或 Asana 建立週目標追蹤清單
- 設定番茄鐘（Pomodoro）工作節奏（25 分鐘專注＋5 分鐘休息）
- 導入行動反思日誌（Action Journal）記錄每日行為→產出→調整建議

這些工具不是為了「填滿時間」，而是為了看清「哪裡最值得用力」。

結語：掌控時間，就是掌控收入的起點

成功業務員不是一天做很多事的人，而是「把最該做的事，做到最好」的人。當時間被精準編排，行動才有方向，

心態也更穩定。

時間不是業務的敵人,而是最可靠的槓桿。懂得管理它的人,將能讓八小時發揮十六小時的價值。

第四節
理論與實踐接軌：
行銷模型的操作方法

理論不是紙上談兵，而是行動設計藍圖

在業務日常中，許多業務員對「行銷理論」敬而遠之，覺得那些模型過於抽象、與實務脫節。然而事實恰好相反，許多頂尖業務的話術與提案設計，其實正是從理論架構中汲取靈感與邏輯。理解理論的價值，不在於引用學者名稱，而在於能否拆解行為、建構對話節奏，進而讓銷售溝通更有系統性與可複製性。

三個實用行銷模型的實戰應用

1. AIDA 模型（Attention, Interest, Desire, Action）

應用：設計陌生開發話術，例如：「先生您好，我看到您公司最近有導入遠端辦公的趨勢（吸引注意），我們剛好協助過幾家相似產業成功整合工具（建立興趣），若您也考慮提升內部效率，我有一個方案可供參考（激發渴望），是否下週安排 10 分鐘交流看看？（行動呼籲）」

2. SPIN 銷售法（Situation, Problem, Implication, Need-payoff）

應用：進行顧問式提問時的結構工具，例如：

◆ S：目前團隊用什麼方式管理外部廠商？
◆ P：這樣在資料整合上會不會有困擾？
◆ I：若資料錯置，會影響到哪些單位的決策？
◆ N：若有整合平臺，是否能幫助您每週節省至少兩小時？

3. FAB 法則（Feature, Advantage, Benefit）

應用：用來設計簡報或口語提案內容：

◆ Feature：這款軟體有即時多人編輯功能
◆ Advantage：因此您不需要再傳來傳去更新版本
◆ Benefit：這可以幫助您與客戶協作更快、減少誤會與回修時間

這些模型的關鍵在於：幫助業務員從雜亂思緒中提取結構、從感覺型回應轉向策略型對話。

案例：HubSpot 如何用模型打造內容銷售流程

HubSpot 是全球知名的 CRM 與行銷自動化平臺，其內部訓練制度便強調行銷模型的實用性。根據其 2022 年公開的銷售培訓內容，HubSpot 將 AIDA 與 SPIN 整合為銷售話術開發

工具，讓業務可依據不同對象「模組化對話設計」。實施半年後，該公司報告其新人業務的成交週期平均縮短 18%，回訪率則提升超過 30%。

這說明一個事實：模型不是用來考試的，而是用來設計更好的現場對話。

如何讓模型不死板：
轉化為個人語言的三個原則

（1）結構不等於僵化：理解模型後要學會「順勢融入」，而不是硬套四段式流程。

（2）練習轉譯成口語：例如將 FAB 改說成「這功能能幫你怎麼省時間／省錢／少麻煩」

（3）反覆情境模擬：將模型用在不同客戶情境，針對產業、角色、溝通偏好設計語句範本。

這樣，模型才不會變成照本宣科的「教條」，而是成為真正的對話工具。

結語：理論是溝通的骨架，實踐是它的肌肉

最成功的業務人，不是「話術型銷售員」，而是能將結構、邏輯、情境轉化為客製對話的人。模型的價值不是背

第四節　理論與實踐接軌：行銷模型的操作方法

誦，而是**轉譯**。當你開始能根據顧客狀況快速選擇溝通路徑，你就擁有了不被情緒左右、不依賴靈感的穩定成交力。

　　行銷理論不是課堂上的產物,而是現場業績背後看不見的設計圖。

第二章　理念即戰力：建立以顧客為核心的銷售觀

第五節
不只是賣，更要賺：
從交易思維到關係思維

從一筆生意到一段關係的轉換

傳統銷售習慣將「成交」視為銷售的終點，但在現代市場中，成交只是顧客關係的起點。根據貝恩策略顧問（Bain & Company）與《哈佛商業評論》於 2014 年共同發布的報告指出，若能將顧客保留率提高 5%，企業平均可實現 25%～95% 的利潤成長。這一數據已被多項後續研究驗證，並成為企業制定顧客維繫策略的重要依據。

這表示，與其每次都重新追求新顧客，不如深耕現有顧客關係，從一次交易發展為多次購買與長期推薦。

關係導向的銷售策略，不只是在乎「有沒有成交」，更重視「顧客為何留下、為何願意再買」這些長期價值的來源。

交易思維的四大限制

（1）短期導向：只追求本月目標，忽略顧客體驗與滿意度。

(2) 價格戰導向：為成交不惜削價，破壞市場與品牌形象。

(3) 人員更替頻繁：成交後即交由他人處理，缺乏責任與承諾感。

(4) 無後續接觸計畫：無追蹤系統，顧客下一次回來與否只能靠運氣。

這些限制會讓企業永遠停留在「重新起跑」的高成本狀態。

關係思維的三個實作核心

1. 顧客全生命週期經營（Customer Lifetime Value, CLV）

不只看一張訂單，而是衡量一位顧客 5 年內可能帶來的總價值，包含續購、轉介紹與交叉銷售。

2. 顧客成功導向（Customer Success Mindset）

關心顧客是否真正用得好、是否實現預期效益，而非只注意成交當下。

3. 顧客社群建構

建立封閉式會員群組、社群活動與知識型互動，讓顧客不只消費，更參與品牌文化。

這三項行為設計，將「顧客」從被動買家轉化為主動參與者。

第二章 理念即戰力：建立以顧客為核心的銷售觀

案例：Salesforce 如何設計長期顧客價值

雲端 CRM 龍頭 Salesforce 長期實踐關係式銷售，其「Customer 360」計畫整合行銷、客服、銷售與 IT 部門，讓所有顧客互動紀錄整合在同一平臺。根據 Salesforce 於 2022 年發布的年度報告與官方部落格內容，其訂閱型客戶的續約率長期穩定維持在 90％以上，並透過資料整合與跨部門協作提升客戶終身價值（Customer Lifetime Value），部分企業客戶的年度訂閱價值在續約後平均成長超過五倍。

Salesforce 業務員在成交後仍需參與顧客的使用成效會議，並與技術部門、行銷部門共同制定第二年、第三年的使用策略，真正將顧客成功內化為業務 KPI 的一部分。

從賺一單，變成共創價值

關係導向銷售的最大價值在於「價值共創」（Value Co-Creation）。當顧客不是被動接受方案，而是在溝通與使用中提出建議、修正需求、共同設計流程時，他們將品牌視為夥伴，而非供應商。

根據 Accenture 於 2020 年發布的報告指出，在實施價值共創策略的企業中，顧客對品牌的忠誠度與推薦意願顯著高於傳統交易模式，品牌體驗整體效益提升 2.4 倍以上，並帶

第五節　不只是賣，更要賺：從交易思維到關係思維

動行銷費用的邊際效率成長。這些結果顯示，價值共創能有效深化顧客參與度，並建立長期信任基礎。

結語：從成交到成長，從關係創造價值

真正穩定且有利潤的銷售，不靠一次次重新追求，而靠每一次成功的關係深化。當你從「我要成交」轉為「我能幫他成功」，你就開始進入了關係型銷售的正循環。

交易讓顧客買一次，關係讓顧客幫你賣十次。從今天起，把「關係」當作資產管理，才是現代業務最值得投資的利潤模式。

第二章　理念即戰力：建立以顧客為核心的銷售觀

> 第六節
> 成為顧客心中的專家：
> 價值主張的建立

顧客不買產品，買的是價值認知

在當代市場中，顧客不再只是選擇功能強的產品，而是選擇「這產品對我有什麼幫助、是否值得信任」的整體價值感。根據《哈佛商業評論》2021 年對全球 B2B 決策者的調查，超過六成的顧客表示「選擇供應商的關鍵，在於是否能讓我快速理解其能提供的價值」。這表示，價值主張（Value Proposition）不能只是行銷標語，而應是銷售對話中最具說服力的要素。

價值主張的三要素：清楚、具體、具差異

一個有效的價值主張，應該回答顧客三個問題：你能解決我的什麼問題？這個解決方案有什麼實質成果？你與其他人有什麼不同？具體來說：

◆　清楚：讓顧客三秒內知道你在說什麼。

- 具體：提供量化數據、案例或結果。
- 具差異：與競品做出明確區隔,避免落入「我們也有」的同質化陷阱。

案例:Slack 如何把價值變成形象

Slack 的核心價值主張是「集中訊息,簡化溝通」。這讓它在眾多工作協作平臺中脫穎而出。根據 Slack 公開資料,用戶使用後,平均會議數減少約兩成,郵件往返也下降超過 30%。這樣的價值,不是憑空想像,而是透過產品設計與用戶回饋反覆驗證與傳遞。

Slack 的成功說明了一點:價值主張若能言之有物、被感受到,就會轉化為品牌印象與信任資本。

三步驟打造個人化價值主張

(1)用顧客的語言說話:從實際銷售對話中提煉出顧客使用的詞彙,避免行銷術語。

(2)資料支持主張:使用簡單的數據框架,例如「減少 X 小時工時、提升 Y%成效」來具體化價值感。

(3)測試與優化內容：將主張套入電話開場、簡報封面與網站首頁，根據轉換率調整措辭與架構。

這樣的作法可讓價值主張從紙上計畫走進顧客心中。

結語：
讓顧客記得你帶來的，不只是產品，而是成果

當顧客對你的第一印象不再是「他在賣東西」，而是「他知道我需要什麼」，你就真正建立了「專家地位」。價值主張的本質，不是自我吹噓，而是以顧客為中心的行動承諾──而這，正是顧客記住你、信任你、推薦你的根本原因。

第三章
成為備戰高手：
成交前的心理與形象準備

| 第三章　成為備戰高手：成交前的心理與形象準備

第一節
印象管理：
外在專業度與內在自信感的雙提升

印象是一種資產，而非表面功夫

在銷售第一線，每一次與顧客的互動，實質上都是一場「印象競爭」。多項溝通心理學與行為研究指出，人們在見面後的前幾秒內，便會根據外貌、語氣與非語言訊號，快速形成對對方的初步印象。這個初步印象一旦建立，將深刻影響後續的信任建立與說服過程。

換言之，印象並非虛構的包裝，而是影響成交可能性的第一道心理門檻。其形成來源可概括為兩個向度：一是「看得見」的外在專業形象，如儀態、語速、穿著與談吐；二是「感受得到」的內在穩定度，例如自信、專注與情緒一致性。當這兩者協調一致時，容易產生可信與可靠的感受；反之，若外在與內在出現落差，則可能引發顧客的懷疑與防衛反應，進而降低對話的接受度與有效性。

外在專業度的四大構成元素

1. 服裝與儀態

不需昂貴品牌,但必須整潔合身、符合產業文化。國際顧問公司麥肯錫建議,業務應依客戶的產業正式度調整著裝,例如金融與法律產業建議保守專業風格,創意與科技產業則可展現個性但不鬆散。

2. 語言表達與語速控制

語言應精準、有條理,避免冗長敘述與重複。研究顯示,語速落在每分鐘 150～180 字最能引發聆聽者的理解與信任。

3. 肢體語言與眼神交流

根據美國心理學會資料,維持目光交流與自然手勢,有助提升說服力與真誠感。

4. 個人簡報與名片設計

一張過於花俏或模糊的名片,可能會損及專業形象;簡報應具備簡潔設計、清晰邏輯與品牌一致性。

這些構成「視覺信任感」,讓顧客願意給出注意力與初步信任。

第三章　成為備戰高手：成交前的心理與形象準備

內在自信感的來源與訓練

自信不是天生，而是可透過刻意練習與結構性行為建立出來。根據史丹佛大學心理學家艾伯特・班度拉（Albert Bandura）的「自我效能理論」（Self-Efficacy Theory），當人們對自己完成任務的能力產生信心時，他們會更積極參與、堅持與恢復行動。

在銷售領域，自信主要來自以下三項行為訓練：

◆ 話術腳本演練：透過模擬對話與自我錄音，讓語言流暢性與信念一致。
◆ 成功案例內化：每天複習曾成功的對話或成交經驗，提醒自己具備價值與能力。
◆ 呼吸與肢體控制訓練：利用深呼吸、身體穩定姿勢進行進場，對抗焦慮與不確定感。

這些行動可讓業務員進入「正向預期狀態」，在互動中展現自然、自主、專業的心理氣場。

案例：LinkedIn 業務團隊的形象訓練流程

根據 LinkedIn 於 2020 年分享的培訓經驗，該公司曾與《哈佛商業評論》合作設計一系列針對業務人員的專業發展課

第一節　印象管理：外在專業度與內在自信感的雙提升

程,涵蓋視訊表達技巧、個人敘事訓練與專業形象塑造等主題。根據 LinkedIn 官方部落格與相關培訓回顧,參與計畫的業務代表在顧客會談中獲得的正向回饋明顯提升,部分內部追蹤數據亦顯示,在首次會議後順利推進至下一階段提案的比率呈現兩位數成長。

這個案例突顯一項關鍵觀點:印象管理並非僅關乎個人風格,而是一套可以透過設計、演練與反覆優化所建立的策略性溝通能力。對於業務專業而言,精準地傳遞可信賴與專業形象,已成為建立信任與推動決策的核心資產之一。

結語：讓顧客「想相信你」的起點

印象不是裝出來,而是設計出來。外在專業度讓顧客願意聽你說,內在自信感讓顧客相信你說的是真的。兩者結合,是開啟信任與對話的必要門票。

在顧客決定「是否繼續這場對話」的那幾秒內,你的聲音、服裝、語言與態度,都在說服他「你值得被信任」。這份印象資產,正是每位業務員在成交前最重要的心理與形象裝備。

第二節
溝通框架設計：高效溝通的五步法則

溝通是策略，而非即興演出

對業務而言，每一次與顧客的對話，都是在爭取信任、引導決策的「微型談判」。根據《哈佛商業評論》2022年的研究，具備溝通結構意識的業務員，其成交轉換率高出平均17%。這代表：說話要有效果，必須有設計。

而這個「設計」的核心，就是框架（framework）。好的溝通框架，不僅協助業務釐清對話重點，也讓顧客在對談中獲得邏輯感與參與感。

五步溝通法則簡介

以下為貝恩策略顧問（Bain & Company）在其業務訓練模組中推廣的五步溝通架構，可作為日常應對的基本模板：

1. 建立連結（Connect）

用提問或觀察展現關心，拉近心理距離。例如：「我注意到貴公司最近發布了新的永續策略，很令人印象深刻。」

2. 明確目的（Clarify）

說明這次互動的目標與期望成果，避免對方困惑或防衛。

3. 交換訊息（Convey）

以對方為主體進行說明，強調「與他相關」的利益點。

4. 共創方向（Co-create）

拋出假設性解方，引導對方參與調整與深化，建立共同擁有感。

5. 確認行動（Commit）

明確下一步，如約定下次時間或資料提交，讓對話不留懸念。

這套五步法不僅可用於陌生開發，也適用於再訪提案與異議處理環節。

案例：SAP 如何用溝通架構提升顧客參與

SAP 於 2021 年在官方部落格與業務白皮書中提及的銷售流程強化計畫，推行以顧問式對話與共創為核心的訓練模組。這些內容包含問題設計、顧客語言分析與節奏引導技巧，目的在提升顧客對話的參與度與提案回應品質。

根據 SAP 內部教育部門與行銷部於 2022 年發布的公開

案例資料，參與此訓練模組的業務團隊，顧客重複互動率平均上升至約 20%，且會談時長增加，顧客參與度提升顯著。

這顯示：結構化的溝通訓練能夠實際影響顧客投入感，強化對話品質，並不會使互動僵化，反而能讓顧客感受到「這場對話值得參與」。

如何讓框架不流於制式？

1. 依對象彈性調整用詞與節奏

與技術主管可進行邏輯主導對話，與人資或行銷主管則宜採感受導向引導。

2. 避免「流程感太重」

不要讓顧客覺得你在照本宣科，每步驟都應融入自然語境與個人風格。

3. 每次互動都加入個案與比喻

提升可視性與親切感，減少純理論式溝通。

結語：讓顧客感受到，你說的是「對我有用」

高效溝通的本質，是把顧客從「聽你講」變成「想要參與」。溝通框架不是給業務用來背稿的，而是設計一場讓顧客

第二節　溝通框架設計：高效溝通的五步法則

覺得被理解、被引導、願意行動的共同歷程。

當你能清楚定義對話目的、創造連結、給出方向又留下空間，顧客就會感受到你不是在說服他，而是在協助他完成一件對的事。

第三節
認識顧客心智模型：
從陌生到認同的歷程

顧客不是「聽完就決定」，而是「建構意義後才行動」

銷售對話的本質，不是說服對方「我對」，而是引導對方在自己的思考脈絡中，逐步建立對你的信任與選擇感。根據行為經濟學家丹尼爾‧康納曼（Daniel Kahneman）的研究，人在做出判斷時，會傾向以「已有心智模型」為框架來解釋新資訊。

所謂「心智模型」，是顧客對某類產品、產業、需求的經驗與認知組合。這些模型會影響他如何看待你說的話，也決定他是否願意深入參與對話。

三階段的心智建構歷程

1. 陌生期（Unfamiliar Zone）

顧客對你或你的產業毫無了解，缺乏對話基礎。

2. 理解期（Sense-making Phase）

顧客開始比對、聯想、找參照點，形成基本判斷。

3. 認同期（Alignment Phase）

顧客將你的建議與自身需求與情境連接，進入參與與選擇行為。

業務若能掌握顧客正在上述哪一階段，便能調整語言與說明方式，避免跳太快、說太多、推得太急。

案例：Zendesk 如何引導顧客轉換模型

Zendesk 作為客服解決方案的領導品牌，針對中小企業客戶設計一套「模型轉換式提案腳本」。第一階段強調顧客常見痛點與失敗經驗（陌生→理解），第二階段則展示與其現況相符的類比案例與量化成果（理解→認同）。

根據其 2021 年內部營運報告，採用該提案流程的銷售代表，其成交轉化率平均提升 22%，並降低顧客後續使用落差所導致的解約率。

這證實了：銷售並非灌輸觀念，而是幫助顧客更新他們的「內在說服流程」。

三種語言策略協助心智轉換

（1）比喻與對照法：例如「您現在的客服工具，就像還在用功能型手機處理智慧任務。」

（2）場景與角色重構：將顧客帶入未來可能發生的痛點或成功畫面中，引導其自行預演結果。

（3）數據＋故事並用：用真實數字佐證，再配上類似產業的真實案例，讓顧客用熟悉邏輯接收新觀點。

這些方法都是「更新模型」而非「推翻觀點」，目的是讓顧客把你的觀點內化為自己的思考結果。

結語：
讓顧客從「你說得對」變成「這是我的決定」

有效的銷售對話，不在於你講得多精準，而在於顧客是否願意讓你的建議進入他的思考系統。一旦顧客將你的方案納入自己的心智模型中，認同與成交就不再是「說服」的結果，而是「共識」的自然產物。

這也是頂尖業務與一般業務之間最大的差距：前者不求快速成交，而是設計讓顧客完成自己說服自己的過程。

第四節
說服與理解的黃金比例：
50%聽，50%講

業務不是一場演講，而是一場共鳴

許多業務誤以為說服是靠資訊壓倒，話講得越多越顯專業。但根據《哈佛商業評論》2021 年的調查，成交率最高的業務員其對話中平均只有 48%時間在說話，其餘 52%是提問、傾聽與回應。真正的高效溝通，是雙向的，不是單向灌輸。

當你聽得夠多，才有足夠的素材調整內容，說得才會準確而有用。

傾聽的四個層次

1. 表層回應型（Surface Level）

    只聽表面語句，立即給反應，常見於急於成交者。

2. 資料對照型（Information Match）

    將對方的內容與 CRM 或前期資料比對，確認資訊正確。

3. 情緒感知型（Emotion-aware）

辨識顧客語氣、語速與用詞中的情緒狀態。

4. 意圖解讀型（Intent Decode）

針對顧客話語背後的行動意圖進行判斷與反問。

高效業務通常會在後兩者花最多力氣，因為這些訊號能引導他進入對話的核心區域。

案例：Adobe 如何培訓業務成為高敏感聆聽者

Adobe 於 2022 年啟動一項名為「同理銷售對話」（Empathic Sales Conversations）的內部銷售教練計畫，與 IDEO 合作開發課程內容，聚焦於同理傾聽與回應策略。該計畫要求業務在會議前準備三個針對顧客挑戰的提問，在會後則進行情境回顧與語言精準度檢討。

根據 Adobe 官方發布的銷售團隊內部改善報告指出，實施此模組的團隊在半年內，其交易週期平均縮短近兩週，並且根據內部顧客滿意度調查，互動評價提升約 18%。此計畫現已納入 Adobe 持續性銷售培訓體系中，作為顧問型銷售技巧的基礎模組。

第四節　說服與理解的黃金比例：50%聽，50%講

50：50 的實踐技巧

◆ 使用開放式問句：「您最希望這個工具解決哪一件事？」
◆ 做筆記但不打斷：記下關鍵字，讓顧客感受到你在關心，而不是等待插話。
◆ 以顧客話語為回應起點：「您剛提到『流程卡關』，我這邊剛好有個案……」
◆ 設時間提醒自己停講：每說完 2 分鐘，反問一次、讓顧客補充一次。

這些技巧能讓你在掌控節奏的同時，也創造空間讓顧客參與與共鳴。

結語：讓顧客相信，是因為他被理解

真正說服的前提是理解，而理解的前提是願意聽。當顧客覺得「你了解我」，他就會對你說的內容產生關聯與信任。

與其想著如何打動顧客，不如先讓顧客打開自己。50%聽＋50%講，不只是技術分配，更是價值互換。這才是專業業務應有的對話節奏。

第五節
個人品牌建構：
讓你與眾不同的定位法

業務不是商品搬運工，而是信任製造者

在資訊爆炸與同質化產品盛行的市場中，顧客選擇供應者不只看產品，更看「是誰在賣」。根據 LinkedIn 於 2021 年對全球業務員進行的職涯影響調查，有 78％ 的 B2B 決策者表示「願意與個人品牌鮮明的業務員建立初步對話」，即便尚未認識其公司。這顯示，個人品牌不只是形象經營，更是打開銷售大門的敲門磚。

什麼是個人品牌？

個人品牌是你在顧客心中留下的「一段可被描述的印象」。它包含三個元素：

◆ 專業定位：你被視為哪一類問題的解決者？
◆ 一致形象：從你的話語、簡報、社群到面對面互動是否一致？

◆ 可傳播性：顧客是否能簡單描述你是誰、能幫上什麼忙？

簡言之，個人品牌讓你在「誰都能賣的產品」中，成為「只有你能說服的角色」。

案例：HubSpot 銷售顧問如何打造個人定位

HubSpot 的資深銷售顧問丹・泰雷（Dan Tyre）在內部訓練中建立「個人品牌定位表」，要求新進銷售在三週內完成以下任務：

◆ 撰寫 30 字內的個人定位句（如：我專為 SaaS 創業者解決初期行銷擴張問題）
◆ 優化 LinkedIn 與個人部落格內容，聚焦於一個產業與兩種專長領域
◆ 每月產出一篇反映市場觀察的洞察型文章

結果顯示，完成個人品牌定位的新人，其前 90 天獲得潛在顧客聯絡次數平均提升 25%，並在初次對話中的信任感評分顯著上升。

三步驟建立個人品牌基礎

(1)鎖定定位領域：選定 1 個產業＋ 2 個解決方向 (如：中型製造業的流程自動化與人員訓練)；

(2)一致訊息呈現：將上述定位套入名片、自我介紹、簡報與社群頁面中，維持語言與視覺統一性；

(3)價值持續輸出：透過部落格、社群貼文、電子報或 Podcast 等方式，定期傳遞專業觀點。

這些累積讓你在顧客心中由「會說話的業務」轉變為「懂這領域的顧問」。

結語：
打造品牌的不是聲音，而是行動的一致性

個人品牌不是靠說，而是靠「做得一致」。當顧客每一次接觸你，都感受到相同的信念、價值與專業形象，那就是你品牌的力量。

品牌讓你從陌生市場中被記住，定位讓你在對話中被選擇。從今天開始，把每一次溝通都當作一次品牌傳遞，久而久之，你會發現：顧客不只是信任你的產品，而是開始信任「你這個人」。

第六節
從觀察中得線索：
成為社交情境的高敏感銷售員

情境敏感力是成交前的隱性優勢

在同樣的話術下，有人成交，有人被拒，關鍵往往不在說了什麼，而是「說話的時機、方式與對象狀態」是否契合。這就是情境觀察力（Contextual Sensitivity）。

根據英國倫敦商學院（LBS）2021 年的一項銷售行為研究，情境敏感度高的業務員，其「對話成功率」與顧客好感度平均高出同儕 21%。這代表，能觀察細節與社交線索的人，更容易建立情緒連結與信任基礎。

三種關鍵觀察維度

1. 場域觀察（Environment Awareness）

觀察對方工作環境（如辦公室擺設、牆上榮譽、書桌物品），可用來判斷其重視價值（例如創新、安全、傳統）。

2. 語言線索 (Linguistic Cues)

從顧客用字風格（正式、口語、邏輯型或情緒型）調整溝通語氣與句型結構。

3. 非語言訊號 (Non-verbal Cues)

觀察顧客的表情、停頓、手勢頻率與視線移動，是辨識「有興趣／無感／想結束」的最即時指標。

案例：ZoomInfo 如何訓練業務識讀社交信號

ZoomInfo 2022 年發布於 Sales Hacker 與其官方部落格的教練式銷售實作內容，其內部銷售團隊有系統地實施了社交線索識讀訓練，包含非語言訊號辨識與會議應對策略設計。

該內容強調業務需透過影片重播辨識顧客的肢體語言與情緒語速變化，並針對停頓、眼神閃避與聲音轉調設計情境回應。根據 Sales Hacker 的追蹤調查，在導入相關訓練的三個月內，ZoomInfo 的中階客戶顧問回報會談挽回率提升近 18%，同時顧客回饋中關於「理解力」與「共鳴感」的指標均有上升。

第六節　從觀察中得線索：成為社交情境的高敏感銷售員

提升社交敏感度的三項訓練建議

1. 會議後重播自我錄影

每次會議錄下自己與對方的反應，檢視何時對方語氣、表情發生變化，並思考原因。

2. 寫「對話場景筆記」

記錄下會談中出現的環境、用語與反應，建立自己對行為與情境的對應資料庫。

3. 每週進行一次社交信號模擬練習

與同儕進行角色扮演，由第三方觀察非語言線索，提升辨識與反應力。

結語：敏感不是多話，而是多看多懂

高敏感業務不是話最多的人，而是反應最對的人。他們知道什麼時候該推進、什麼時候該停下來等待，甚至什麼時候該把話題轉向或降低節奏。

當你學會從一個眼神、一段語速、一個擺設中捕捉潛在訊號，你就擁有了真正進入顧客世界的鑰匙。這份敏感，不只是技巧，而是讓你變得「值得信任」的關鍵信號之一。

第三章　成為備戰高手：成交前的心理與形象準備

第四章
挖掘成交機會：
找對客戶比什麼都重要

第四章 挖掘成交機會：找對客戶比什麼都重要

第一節
客戶不是天上掉下來的：
潛在對象的六大來源

潛在客戶開發，是主動設計的結果

對多數業務而言，最大困境往往不是成交技巧，而是「根本沒人可以談」。這反映出一個事實：潛在客戶的數量與品質，是銷售成果的底層變數。根據美國 Salesforce 在 2022 年針對 4,000 名銷售專業人士的年度報告指出，63％的高績效業務代表每週至少投入 30％的時間在新客戶來源開發上，而非僅依賴現有名單。

潛在客戶不會憑空出現，他們來自你能「有策略地接觸」並「有邏輯地持續耕耘」的來源系統。

潛在對象的六大主要來源

1. 既有顧客的轉介紹

最具信任力與轉換機會的來源。研究指出，由顧客轉介紹而來的潛在客戶，其平均成交率比冷名單高出近五倍（Nielsen, 2020）。

2. 內容行銷的主動引流

透過部落格、白皮書、影片或社群貼文，吸引主動搜尋解方的潛在族群，並透過 CTA（Call-to-Action）留下聯絡或下載紀錄。

3. 產業名單與購買意圖平臺

使用像是 LinkedIn Sales Navigator、ZoomInfo、Apollo 等工具，可鎖定特定職位、公司規模與產業動態，建立精準開發清單。

4. 活動現場交流與名單收集

包括講座、展覽、論壇、異業合作等活動。這類名單的優勢在於對你品牌有初步印象，互動成本較低。

5. 社群參與與人脈網絡拓展

透過產業社團、討論社群、群組交流平臺（如 Slack Channel、Reddit 專區、Facebook 社團），透過參與討論提升能見度與信任感。

6. 主動陌生開發（Cold Outreach）

包含 Email、LinkedIn 私訊、電話開發等，但需搭配精準分眾與客製化訊息，否則將淪為干擾行為。

第四章　挖掘成交機會：找對客戶比什麼都重要

這六類來源各有成本、轉換週期與適用對象，業務應根據自身產業與角色，設計屬於自己的「多管齊下」潛客來源組合。

案例：
Intercom 如何建立內容驅動的潛客流量系統

Intercom 是一套主打即時客服與潛在顧客轉換的 SaaS 平臺。根據 Intercom 於其官方部落格與 2021 年的內容行銷成果回顧指出，其部落格文章與電子書等深度內容行銷形式，是最主要的潛在顧客來源之一。透過產品經理與工程師主筆的實務內容，結合具吸引力的 CTA（Call-to-Action）與表單設計，Intercom 成功將內容轉化為平均每篇數百筆具名註冊名單，進而轉入銷售漏斗。

該公司也曾於報告中指出，透過內容驅動的潛客流程，其內容轉換效率遠優於傳統廣告投放或冷開發模式，證實內容＋CTA＋自動化名單整合，是當代 SaaS 業務不可或缺的前段策略。

第一節　客戶不是天上掉下來的：潛在對象的六大來源

系統化開發流程的三個核心原則

1. 來源多樣化但訊息一致化

即使來自不同平臺，所傳遞的品牌核心價值與語言必須一致，避免顧客產生認知混亂。

2. 持續記錄與評估來源效益

每月追蹤來源別的轉換率、聯繫品質與成交週期，調整行動優先順序。

3. 善用自動化工具降低成本

導入 CRM、行銷自動化工具與表單整合系統（如 HubSpot、Typeform、Zapier）串接名單輸入與分派流程，讓潛客開發不依賴個人意志，而成為團隊機制。

結語：潛在顧客，是設計來的，不是等來的

真正的高效業務，不是接到一張名單才開始行動，而是隨時都在「製造新名單」。從內容、工具、人脈到科技，潛客來源的開發是一場「策略性耕耘」，不是偶然。

當你擁有六種來源的「進場門票」，你就擁有穩定而可預測的成交可能。這種結構力，才是業務走得長久的關鍵。

第二節
數據導向銷售：
CRM 與名單管理策略

銷售不再靠直覺，而是靠數據運算

在數位時代，頂尖業務不再依賴「印象中的客戶關係」，而是利用客戶關係管理系統（CRM）進行科學化追蹤與分析。根據 Salesforce 於 2022 年 State of Sales 報告，已導入 CRM 且活躍使用的銷售團隊，其平均成交率比尚未系統化的團隊高出近 29%。

CRM 不只是記錄工具，而是銷售決策的數據引擎。它幫助我們追蹤顧客歷程、行為軌跡、成交機率與回訪週期，讓資源分配不再憑感覺，而是依據事實。

CRM 的核心功能：資料化每一次互動

（1）聯絡人與帳戶管理：整理潛在客戶、既有客戶與推薦來源的完整資料，搭配打標、分群與屬性標籤系統。

(2)交易歷程記錄與預測：透過 Pipeline 設計追蹤從初步接觸到成交的各階段轉換率，並據此優化提案與跟進時間點。

(3)行為與互動追蹤：串接 Email 開信、連結點擊、網站瀏覽等行為數據，進行潛在意圖分析。

(4)自動提醒與行動計畫排程：減少人為疏漏，確保每一位潛在客戶都在最適時點接收到關注。

這些功能結合下來，使銷售流程具備可預測性與可改善性，讓「管理名單」不再是文書工作，而是績效槓桿。

案例：HubSpot 如何將名單變成行動計畫

HubSpot 為一站式 CRM 與行銷平臺，其在官方銷售部落格中分享了多項針對名單管理與 CRM 實務應用的案例。根據 HubSpot 2021 年 State of Marketing 報告，使用其 CRM 平臺並實施行為分層標籤（如點擊 Email、回覆表單、網站瀏覽）與自動化任務排程的客戶，其銷售漏斗轉換率平均提升超過 20%。

HubSpot 強調將名單視為「互動性資產」，而非靜態名單，並搭配 Workflows 系統，根據資料點自動推送後續任務，例如提醒回電、內容投遞與分眾 Email，實現從名單到行動的無縫接軌。

這套模式說明：真正有效的 CRM 應用，在於不斷將數據轉換為可執行的動作，並優化互動時機點。

名單管理的三階段策略

1. 清理與分類

每季清理一次無反應名單，並依職稱、產業、規模等欄位重新分類，維持資料可用性與精準度。

2. 行為觸發再行銷

針對有點擊、下載、註冊等動作的潛客，設計後續銷售流程，提升時機對應度。

3. 自動化跟進機制建置

如 3 日未回覆自動提醒、7 日未點擊自動切換話術、14 日後轉進教育型內容流程等。

這套流程能讓業務不再被「誰該優先聯絡」所困，而是根據行為與數據自動調整節奏。

結語：CRM 不是記錄，是決策武器

CRM 與名單管理的價值，不在於記錄，而在於「讓你知道誰值得花時間、何時該行動、要說什麼內容」。當業務團隊

第二節　數據導向銷售：CRM 與名單管理策略

善用這些工具,名單將不再是 Excel 裡的名字,而是每日業績的推進器。

　　讓數據說話、讓系統驅動行動,是當代銷售成為高產者的基本素養。

第三節
用社群打造引流力：
內容就是吸客磁鐵

社群不是曝光平臺，而是信任孵化器

在銷售流程中，「第一次認識你」的場域愈來愈常發生在社群，而非實體或傳統廣告。根據 Hootsuite 與 We Are Social 2023 年聯合報告指出，全球有超過 75％的消費者會在購買決策前於社群媒體查詢品牌評價與內容。這顯示，社群已成為潛在顧客的第一道信任入口，而非單純的曝光場域。

對業務來說，社群內容的目標不只是追蹤數、按讚數，而是引導潛在客戶進入名單並展開對話。

三種社群吸客策略

1. 實用型內容（Value Content）

如教學文、操作影片、常見問題解析，解決潛在客戶的痛點。根據 LinkedIn 內部數據，B2B 內容中最受歡迎的三種為：教學、案例拆解、趨勢觀察。

2. 故事型內容（Narrative Content）

透過客戶故事、自身轉變經驗、失敗重來歷程，讓內容有「情感記憶點」，強化品牌人格。

3. 互動型內容（Engagement Content）

如問答、投票、簡答型知識競賽，增加顧客參與與留言，讓演算法放大觸及。

這三類內容應交錯規劃，並明確設置 CTA（Call-to-Action），將觀眾引導至表單、對話訊息或下載頁，成為實際的銷售起點。

案例：Canva 如何用社群建立自然引流

Canva 是一款線上設計平臺，2020 年起大幅強化其社群策略。根據 Social Media Examiner 分析，Canva 每月在 LinkedIn、Instagram、YouTube 釋出多達 40 則內容，包含教學短影片、範例模板、創作者故事等。其中每月固定舉辦一次「使用者分享週」，邀請全球用戶發布創作過程並標注品牌主頁。

這種高互動設計讓 Canva 每月新增社群名單超過數萬人，並將內容與註冊流程整合，引導用戶完成註冊並進入 CRM 後續自動行銷流程。

建立社群吸客磁鐵的四步驟

（1）設定主題與產業語言一致：內容不能泛而雜，要緊扣目標客戶真正關心的議題。

（2）搭配 CTA 與自動收集表單：不只是說話，更要設計動線，如留言領檔案、填單得清單等。

（3）追蹤內容轉換成效：使用 UTM 參數與後臺數據追蹤哪類內容最能吸引潛在客戶行動。

（4）建立社群互動節奏：每週固定互動日、每月主題活動，讓追蹤者轉變為參與者，參與者轉變為潛在客戶。

結語：
社群經營不是行銷活動，而是銷售系統的前端

在當代業務邏輯中，社群不只是讓人認識你，而是讓潛在客戶「熟悉、信任並願意靠近你」的第一關口。當你能透過內容設計與互動安排，讓社群主動生成名單，你就已經建立起一個源源不絕的行銷引擎。

把社群當作銷售漏斗的入口，而非宣傳牆，是每位業務員都應該具備的現代化基本認知。

第四節
對的地方找對人：
場景式接觸的布局術

成交不只看產品，
而是發生在「對的時機與場景」

銷售不僅是訊息傳遞，更是「場域觸發」。根據麥肯錫於 2021 年 B2B 購買決策研究指出，影響企業採購決策最關鍵的三項因素中，「正確場景下的接觸與溝通」排名僅次於產品本身與價格。

換言之，不論產品再好，如果在顧客「還沒意識到需求」、「無法立刻對接使用情境」時出現，就無法觸發動機。場景設計即是銷售策略的時間與空間布局。

什麼是場景式接觸？

場景式接觸（Contextual Touchpoint）是指：在潛在顧客「正在關心、正在尋找、正在互動」的真實情境中出現銷售觸點。其關鍵不在於曝光量，而在於與顧客當下目標的「心理重疊」。

常見場景接觸類型包含：

◆ 工具使用流程中的提示：如 SaaS 產品在使用過程中插入升級選項或引導功能。

◆ 知識搜尋時的內容嵌入：在顧客 Google 關鍵字搜尋時呈現具備問題解答導向的內容與 CTA。

◆ 決策前的產業論壇與活動場域：如年會、趨勢研討會、交付前培訓場域等，觸及已經在考慮的對象。

◆ 競品出現問題時的聲量擴散：在競品出包時設計有信賴感的替代方案頁面與社群聲量同步布局。

案例：Shopify 如何在創業者決策瞬間出現

Shopify 作為電商建站平臺，其內容策略核心即為「嵌入創業者最需要的時間點」。根據其 2022 年公開數據，超過 60% 的新註冊用戶來自「創業相關搜尋詞」下的內容觸及頁，如：「如何建立網路商店」、「哪種電商平臺適合我」、「開店流程總整理」。

Shopify 不只出現在「購買決策時」，而是提早進入「動機成形前」的探索場景，讓顧客在「開始思考時」就已與品牌產生關聯。

第四節　對的地方找對人：場景式接觸的布局術

建立場景接觸的四項設計原則

（1）描繪顧客決策前流程：逆推顧客從無到有的每一階段，釐清何時會查詢、會請教、會尋求協助。

（2）內容與場景配對：如產品說明放在 FAQ 中，使用比較分析放在競品關鍵詞頁，評估報告放在顧客正在申請試用頁。

（3）數據追蹤場景轉化效果：使用熱點圖、行為流程圖分析哪些內容在哪些時間點有效導入轉換。

（4）協同線上與實體布局：例如線上報名、實體見面；或線上比較表導入實體演示預約。

這四項可幫助業務將「行動設計」嵌入「情境真實性」，提升提案成功率。

結語：不是在哪都出現，而是在對的地方出現

業務的價值不只是說什麼，而是在哪裡說、在顧客什麼狀態下出現。場景的選擇與布局，是讓顧客「自然接受」、「主動思考」、「願意互動」的關鍵推力。

當你掌握了顧客的行動節奏，就能在他還沒找人前，就已經「出現在對的位置」。那一刻，你不再是打擾者，而是出現得剛剛好的人。

第五節
講座與活動行銷：
建立可信度的群體場域法

活動不是曝光，而是信任密度的快速累積

在高接觸決策商品與顧問型服務的銷售場景中，「面對面建立信任」仍是無可取代的策略。根據 Event Marketer 與 CMO Council 在 2022 年聯合發表的報告，68％的 B2B 決策者表示他們更傾向與參與過相同活動的品牌合作，並認為「活動能快速判斷供應商是否專業可信」。

這代表講座與活動不僅是宣傳工具，更是信任觸發與社群認同的加速器。

三種高轉換活動類型

1. 教育型講座（Educational Webinar/Seminar）

如產業趨勢說明、操作訓練、法規解析等，提升品牌在特定主題的專業權威。

2. 用戶故事型座談（Customer Story Panel）

邀請既有客戶現身說法，增加社會認同與「可見成功案例」。

3. 合作型工作坊（Co-branded Workshop）

與非競業夥伴共辦主題式互動課程，拓展異業名單並強化實戰導向。

這三類活動皆能創造「由信任延伸到詢問」的轉換場景，是中高價商品的理想進場模式。

案例：Salesforce 如何透過巡迴活動建立信任網

Salesforce 早於 2010 年代即開始實施「World Tour」概念，即將品牌核心議題轉化為全球巡迴論壇，結合主題演講、客戶實例分享與產品體驗區。

根據 Salesforce 於 2022 年的活動報告，在參與活動後三個月內回訪其網站、下載產品手冊與申請試用的潛在客戶，平均轉換率提升 41%。特別是在中小企業族群中，面對面接觸後產生的初步詢問品質明顯優於數位渠道。

高效活動的四個策略設計要點

（1）議程設計聚焦「實用＋互動」：避免單向長講，設計包含問答、示範、分組討論的模組。

（2）講者組合採信任混搭：內部專家＋客戶代表＋異業來賓，形成「我說＋他用＋他也信」的說服三角。

（3）導入 CTA 與數位延伸：如掃碼索取簡報、填表獲得折扣、現場預約顧問會談等，讓活動直接連結銷售動作。

（4）與 CRM 系統即時串接：讓活動報名、出席、互動紀錄即時進入 CRM，方便後續跟進自動化分流與關係養成。

結語：把活動當成交前的「信任暖機場」

講座與活動行銷的價值，不是「當場成交」而是「當場發酵」。讓顧客親眼見證品牌價值、耳聞真實客戶故事、親手體驗產品特點，是所有行銷手段中最貼近人心的一種。

當活動結束，關係才真正開始。把每一場活動都當作一座「信任育成中心」，你將擁有源源不絕的高信任潛在客戶池。

第六節
客戶生態圖：
盤點你的影響圈與轉介紹路徑

客戶不只是一個人，而是一張關係網

在複雜的 B2B 與顧問型銷售情境中，決策從來不是由單一個體完成的直線程序，而是一個涉及多重角色、分層影響與部門協調的網狀結構。根據 Gartner 於 2022 年針對 B2B 企業採購流程的深入研究指出，平均一項 B2B 採購案會涉及 6～10 位相關人員，從使用端到技術部門、財務審核者，再到最終的採購與法務確認，每位角色皆對成交成敗具有實質影響力。

這代表：若業務只接觸到「主要聯絡人」，而忽略其背後的影響網絡與周邊利害關係人，很可能會導致提案進展卡關、決策週期延長、甚至突然被冷凍或否決。此時，「客戶生態圖」便是協助業務拆解決策場景、預測路徑與規劃接觸順序的視覺化思考工具。

什麼是客戶生態圖？

客戶生態圖是一張描繪客戶組織內外部所有與採購案有關人員、部門與資源流動狀況的互動關係圖。與單純的組織圖不同，它聚焦於「決策過程中實際的影響力動態」，強調以下幾個問題：

- ◆ 誰實際掌握預算與決策權限？
- ◆ 誰是對方內部的倡議者或推動者？
- ◆ 誰會受影響而介入討論或可能成為反對者？
- ◆ 哪些人是你可以先建立信任關係、進而牽動整體推進的槓桿角色？

透過這張圖，業務能掌握每一位人物的功能、動機與立場，並據此設計出更具針對性與節奏感的說服策略與應對動作。

案例：
Dropbox 如何用關係圖拆解大客戶組織決策結構

Dropbox 的企業業務團隊在開拓中大型企業客戶時，特別建立一套以「Decision Influence Matrix」為核心的分析模型，輔以「關鍵意見者群像分析」技術，將每位相關人員標示

第六節　客戶生態圖：盤點你的影響圈與轉介紹路徑

其角色類型（如資訊影響者、使用單位代表、財務決策人、最終簽署者）與其對產品的態度（正向、中立、負面）進行交叉分析。

業界觀察指出，隨著 B2B 銷售環境日趨複雜，多數企業採取集體決策機制，業務人員若能同時接觸多位跨部門決策者，將顯著提升成交機率。有研究與實務經驗顯示，當業務團隊有效運用角色地圖、理解決策鏈結構並與三位以上利害關係人互動時，其最終贏案率可明顯優於只對單一窗口操作的模式，甚至達到接近翻倍的效果。

這一趨勢反映出：銷售已不再是說服某一位決策者的單點溝通，而是一場多角色參與的「內部聯盟協調」。能否掌握整個決策生態圈，往往成為主導談判節奏與贏得信任的關鍵因素。

如何繪製你的客戶生態圖？

1. 從主要窗口向外擴展影響層

由主聯絡人協助引薦其他部門的關鍵人員，也可透過 LinkedIn、產業論壇與內部電子郵件往來中發現潛在角色。

2. 標注角色、立場與權重

針對每個人設立欄位標記其所屬部門、決策影響力、個人利益關注點與對你方案的態度，形成立體的「影響地圖」。

3. 設計個別溝通腳本與內容偏好

技術主管重視規格與整合性，財務部門看重投資報酬率，法務人員注意風險與責任條款，行銷則著眼於品牌曝光與一致性，應各自定義話術與資料內容。

4. 同步 CRM 並設置關鍵節點提醒

將此圖嵌入 CRM 系統中，結合提醒功能，例如「若 2 週未與財務端互動，自動提醒安排預備簡報」，讓推進過程具備節奏與彈性。

這樣，你便從「靠人脈談案」進化為「以系統處理複雜局」，從而降低個人主觀判斷風險。

結語：
成交不是一個人點頭，而是一群人不反對

在多決策者、多部門干預的 B2B 銷售場域中，只有說服單一關鍵人已遠遠不夠。真正能推動交易的是：「讓推動者發聲、讓反對者沉默、讓使用者期待、讓高層背書」。

繪製客戶生態圖，是從「片面應對」走向「全盤布局」的策略跳板。當你能像策略顧問般解析組織脈絡，你就不是一個在講產品的業務，而是整個採購過程中最可靠的導引者。

第五章
打開第一次對話：
接近潛在客戶的技術

第五章　打開第一次對話：接近潛在客戶的技術

第一節
初見面怎麼開場：
心理破冰的第一句話

第一印象是一場無聲的決定

在商務銷售情境中，第一句話常常決定了顧客是否願意繼續聽你說下去。許多溝通心理學研究指出，人們在互動的最初幾秒內，會迅速、無意識地評估對方的可信度、專業度與親和感，並在極短時間內形成「是否值得繼續交流」的初步印象。對業務人員而言，這不僅是一句開場白，而是一個信任的試煉點。

所謂「心理破冰」，其本質並非炫技話術，而是一種引導對方從防備進入互動的過程。目標是讓顧客從應對模式切換為開放狀態，從靜默觀察轉為主動參與。它是一種情境設計技巧，而非一句能立即奏效的萬用語句。唯有理解對方的情緒節奏與認知狀態，開場語才有可能真正「打開局面」。

三大破冰策略：讓顧客心理降溫的方式

1. 環境觀察式切入

觀察現場場景、對方穿著、辦公室擺設，找出可建立連結的細節作為開場話題。如：「我看到您書桌上擺的那本《零售創新報告》，這本我最近也剛看完，有很多啟發。」

2. 人際共通式切入

從介紹人、共同認識的產業人物、共同活動中提及交集點。如：「我記得您上次在×××研討會的分享很精采，尤其提到整合內部資源的做法，讓我印象深刻。」

3. 主動揭露式切入

以自身經驗、最近觀察或感受作為開場，營造平等與人味。如：「我第一次進這個產業時也感到完全陌生，後來才發現其實很多通則跨產業都共通。」

這三種策略並不互斥，而是可依不同場景與對象混搭使用，創造「快速建立連結感」的第一印象。

案例：Zendesk 銷售團隊的破冰模板訓練

據業界觀察，Zendesk 在 2021 年內部訓練中，針對業務團隊設計了一套強化首次拜訪開場技巧的訓練模組。該模組

第五章　打開第一次對話：接近潛在客戶的技術

內容涵蓋開場語句設計、語調演練、破冰策略與互動節奏回顧，目的在於提升顧客初次接觸時的互動品質。根據內部培訓回饋，受訓團隊在進入正式對話前的開場語音時間有所延長，提問頻率與顧客回應也明顯增加，顯示顧客更願意「多說、多問、多互動」。

這項訓練的核心理念在於：有效的開場不只是快速導入產品資訊，而是協助顧客進入互信與交流的心理狀態。破冰，應是一種讓對話自然展開的引導，而非為了加快節奏的技巧性操作。

如何設計屬於自己的破冰句？

（1）先觀察再開口：建立「先看三秒」習慣，觀察對方穿著、擺設、氣氛與語氣。

（2）避開業務語氣：避免以「您好我是××公司業務代表」作為開頭，可改為「我今天很期待跟您交換這個主題的想法」。

（3）設計至少兩種開場備案：針對不同場合（正式會議／展覽場／講座後交流）設計備案開場句。

（4）反覆演練、自然上口：可在鏡前或手機錄影練習，確認語速、語氣與表情的自然度。

結語：
第一句話不必完美，但必須「對得起情境」

真正有效的破冰句，不是炫技的話術，而是「讓對方願意說出第一句話」的情境引導。當你把焦點從「我要說什麼」轉移到「讓他怎麼感受」，你會發現，開場不再難，而是一次理解對方心理狀態的開始。

記住：銷售不是打開話題，而是打開心防。而這一切，從第一句話開始。

第二節
自我介紹的心理學：
話語、動作與時間控制

自我介紹不是說你是誰，
而是讓對方知道「你對他有用」

在銷售場景中，自我介紹往往被視為流程中的例行項目，但實際上，它是業務與潛在客戶互動中的「第一個價值承諾」。根據業界經驗與訓練機構觀察，有效的開場應在短時間內展現出對顧客需求的理解與共鳴，而非僅止於職銜、公司或年資的羅列。以美國卡內基訓練中心（Dale Carnegie Training）為例，其多年培訓經驗指出，影響決策者對業務人員第一印象的關鍵，常來自開場中是否觸及「對方真正關心的議題」。

換言之，一段有策略的自我介紹，應該讓對方在前三十秒內感受到：「你理解我的處境，並值得我接下來的注意力與時間。」這不僅是禮貌，更是談判邏輯的起點。

三層自我介紹邏輯：從我，到我們，到你

1. 我：建立專業感與可信度

簡短自述你的角色與背景，傳達你「做這件事的合理性」。避免過多履歷式介紹，強調與顧客需求相關的經驗片段。

2. 我們：連結品牌優勢與產業脈絡

用一句話讓對方理解你所在的團隊／公司如何在他所在的產業中產生價值，例如：「我們目前服務的主要對象就是您這類型的中型企業，協助他們在導入流程自動化時減少部署風險。」

3. 你：回到對方的問題與情境

在介紹結尾處投出一個顧客關心的問題或期待，如：「我這次是想了解您最近團隊在整合新系統上有哪些挑戰，看我們能不能提供一些外部協助經驗。」

這樣設計可讓自我介紹從「我來說我」轉為「我來理解你」，大幅提升對話黏著度。

案例：LinkedIn 客戶經理的 30 秒介紹模板

在 LinkedIn 的企業銷售團隊中，客戶經理被訓練使用名為「Value Framed Introduction」的開場話術模板，強調在 30

秒內傳遞清楚的價值訊號,建立專業可信的第一印象。這套模板架構如下:

我是誰→我協助什麼樣的客戶解決什麼問題→今天來的目的與對你的關心

以下是一位 LinkedIn 客戶經理在與科技業潛在客戶初次會談中的實例開場:

「我是 LinkedIn 的內容策略顧問 Rita,專門協助 SaaS 團隊建立與 C-Level 客戶溝通的內容架構。我們最近觀察到許多科技公司在簡報中資訊量過高,反而弱化了核心訊息。今天特別希望了解貴公司目前的簡報方式,看看是否有共通挑戰值得交流。」

這類開場方式的優點在於,能在有限時間內有效展現同理心、專業性與價值相關性。根據 LinkedIn 內部回饋,此模板不僅提升顧客回應率,也有助於深化初期互動的信任基礎。

時間控制與肢體訊號:說話內容之外的關鍵

(1)掌握黃金 30 秒原則:整段自我介紹控制在 30〜45 秒,讓對方有空間回應與參與。

(2)眼神分配:避免直盯或頻繁移動視線,建議每 5〜10 秒進行一次輕微目光轉移。

(3) 手勢開放自然：避免手插口袋或交叉手臂，以展開式手勢表達開放與信任。

(4) 語速控制在每分鐘 140～160 字：根據《傳播學》(*Journal of Communication*) 報告，這是理解度最佳的語速區間。

這些細節雖小，卻常是顧客做出「這人是否可信」的非語言判斷依據。

結語：
讓自我介紹成為「合作邀請」而非自我陳述

自我介紹的關鍵，不在於你講了多少，而在於「是否讓對方看到自己在哪裡與你有交集」。從敘述身分、展現價值到釋出關心，每一步都是心理安全的鋪陳，讓對方卸下防備、打開認同。

當你不再是介紹你自己，而是替對方建立「你為什麼有可能是對的人」這個想法，那麼你就已經贏得了這場對話的起點優勢。

第五章　打開第一次對話：接近潛在客戶的技術

第三節
設定對話目標：
預設的情境設計與話術演練

有目標的對話，才有價值的成交可能

在業務工作中，許多首次與潛在客戶的會談之所以淪為「空轉」，並非因為內容不好、產品不對，而是因為對話起點沒有目標。根據 Gartner 針對 B2B 銷售互動的研究觀察指出，前期會談若具備明確的對話目標設定，將大幅提升對話的有效性與後續成交機率。雖然具體數字可能因產業而異，但在高績效業務案例中，成功的初次會談往往不是建立在隨性寒暄或臨場應對上，而是清楚傳達「這次對話的目的為何、希望對方帶走什麼、我們將如何進行」這三項核心訊息。

這顯示：預先設計對話目標，不只是準備，更是一種策略。它幫助顧客快速進入狀態，也讓業務能在複雜對話中主動掌握節奏與信任框架。

三層次對話目標設計法

1. 資訊交換型（Exchange）

目的：建立基本了解，獲得背景資訊與現況描述。

話術範例：「我這次主要是想更了解您目前團隊在數據整合上的做法與流程，讓我們之後若有建議能更貼近您現實的需求。」

2. 可能性探索型（Explore）

目的：測試潛在需求、誘發問題意識，開始引導顧客思考可行方案。

話術範例：「有些我們服務的企業在初期也沒特別設定目標，但在導入後發現流程優化是最大的副產品，我蠻好奇您對於這部分的期待是？」

3. 行動推進型（Advance）

目的：設定下一步行動（如安排試用、內部簡報、技術會議等）。

話術範例：「如果您覺得今天談的方向符合初步想像，您認為下一步最合適的安排會是什麼？」

這三種對話目標可根據會談對象熟悉度、資訊充足度與對方參與意願進行彈性調整。

第五章　打開第一次對話：接近潛在客戶的技術

案例：
HubSpot 如何設計「情境對話劇本」訓練模組

　　HubSpot 銷售訓練團隊在其官方部落格與《銷售支援手冊》(*Sales Enablement Playbook*)中提及，已將「對話目標設定」納入內部銷售流程標準化訓練。其核心策略為「情境導向銷售訓練」(Contextual Selling Training)，針對初次會議、異議處理、續約洽談等典型業務情境，設計具備情境背景、問答引導與目標樹結構的對話藍圖。

　　以初次會談為例，HubSpot 建議業務須事前完成以下步驟：一、準備三項關鍵背景事實（如產業動態、公司組織變化、競品使用情形）；二、確認顧客本次會談的期待與限制條件；三、明確提出可行的後續建議與預約動作。整個流程會同步記錄於其 CRM 系統中，作為之後追蹤與再互動的基礎。

　　根據 HubSpot 發布的年度使用者效能觀察報告指出，導入結構化對話開場與顧問式引導模組的銷售團隊，在顧客互動表現上展現出明顯成效。內部回饋顯示，潛在客戶在首次會談後安排後續會議的比例有顯著提升，並有助於整體銷售週期的加速推進。此趨勢突顯出──良好的第一次互動設計，是推動交易進程的重要槓桿。

第三節　設定對話目標：預設的情境設計與話術演練

對話目標設定三步驟演練法

1. 會前三問

這場會談你想知道什麼？對方希望獲得什麼？理想結束狀態是什麼？

2. 編寫目標句

以口語方式說出對話目標並錄音，確認語氣自然、語序簡潔、不帶壓迫感。

3. 模擬跳接句

預備若對方偏離對話主線時的「拉回語句」，如：「我覺得您剛分享的很重要，但我也很好奇您怎麼看現行流程對團隊效率的影響？」

這三步驟能有效提升你對對話主導權的掌握力，並讓每一次互動朝特定方向前進。

結語：
目標不是強迫成交，而是讓每次對話都向前走

對話的目的不是一次搞定一切，而是透過精準設計讓彼此的認知逐步貼近。當你有能力在短時間內定義清楚「這場對話的功能與期待」，你就能在潛在顧客心中建立「值得信任

第五章　打開第一次對話：接近潛在客戶的技術

的溝通者」形象。

在銷售世界中，會說話固然重要，但會「說有目標的話」，才是高效業務真正的關鍵技術。

第四節
拉近關係靠聊天：
掌握關鍵五種非業務話題

建立關係不是討好，而是創造情緒共鳴

在首次銷售對話中，建立信任往往不是從介紹產品開始，而是從「顧客願意跟你聊點別的」那一刻啟動。多項溝通心理學研究指出，業務人員若能在前幾分鐘內引發正向情緒反應，將有助於提升顧客對後續資訊的接受度與對話的互動深度。

哈佛商學院（Harvard Business School）等機構曾探討情緒在商務互動中的作用，指出良好的開場情境不僅有助於降低防備，更能為後續的資訊交換創造信任感與認同感。換言之，「閒聊」並非時間浪費，而是在 B2B 或高涉入決策場景中，最有效的心理暖場工具之一。這樣的輕鬆對話，是關係從零到一的重要跳板。

▎第五章　打開第一次對話：接近潛在客戶的技術

五種有效的非業務聊天主題

1. 地理或空間共感

如「我發現你們辦公室在 X 區，我之前也在那附近待過一段時間⋯⋯」能觸發在地記憶與熟悉感。

2. 產業共同觀察

例如「最近我們不少客戶也都提到人力成本波動的壓力，不知道你們這邊有遇到類似情形嗎？」能顯示理解產業痛點。

3. 個人經歷與背景小片段

如「我也是從非本科轉進這行，當時也適應了滿久的⋯⋯」能拉近人我距離。

4. 當下情境觀察

像是對辦公室擺設、會議設備、窗外景色等輕描淡寫的提問，創造當場的共同注意力。

5. 正向情緒回饋

如「剛剛您說那個產品故事真的很有畫面感，難怪客戶會記得住」，幫助對方放鬆且提高自我效能感。

這五種話題能有效避開尷尬與討好，轉為有脈絡的真誠對話。

第四節　拉近關係靠聊天：掌握關鍵五種非業務話題

案例：Salesforce 如何訓練業務以聊天進場

根據 Salesforce 在其官方部落格與多篇銷售訓練文章中所整理的互動原則指出，頂尖業務團隊在首次拜訪潛在客戶時，通常會特意安排 2～5 分鐘的「情境對話暖場時間」，作為正式進入商業話題前的情緒預熱階段。

在這段非產品導向的開場互動中，業務人員會特別留意顧客的語氣與情緒反應，並將觀察結果記錄於 CRM 系統中，例如互動風格、回應模式或潛在興趣點。這些資料不僅有助於建立初步信任，也能為後續對話提供調整節奏與切入角度的依據。

實務經驗顯示，若能在寒暄過程中觸發顧客的情緒共鳴，後續的商務討論往往更具參與感，提問次數與回應意願也相對提升。此外，這些輕鬆互動的內容，往往成為後續聯絡時的重要情感參照點，有助於提升第二次會談的安排成功率與對業務印象的黏著度。

自然聊天的三個技巧原則

1. 先聽語調，再選主題

觀察對方說話節奏與語氣，選擇適合輕鬆或專業的切入點。

2. 避免過問隱私與過度恭維

如「您很年輕就當上主管」這類句型常引起不適或不確定回應。

3. 留下一個記憶點但不占主線

例如「今天太陽這麼大，還好我們是在冷氣房裡談合作」，讓對話有情境標籤但不轉移重點。

結語：聊天不為成交，而是為信任打底

高效聊天不是為了討喜，而是創造一個讓對方覺得「你不是只來賣東西」的感覺。當你能用自然語言開啟有感的對話，對方會願意把對話延長，把思考交給你。

每一次成功的閒聊，都是一次信任的試探與拉近。真正會聊天的業務，不是話多的人，而是能讓對話輕鬆又有溫度的人。

第五節
從朋友變成交：
建立信任的三層遞進策略

銷售不是轉換，而是關係的深化過程

在現代銷售中，「成交」不再只是說服的結果，而是信任累積到一定濃度的自然行為。根據美國 Edelman 於 2021 年發表的 Edelman Trust Barometer 報告，八成以上的消費者表示，信任是一個品牌／業務能否獲得購買機會的前提條件，甚至超越價格與便利性。

因此，業務員若能設計出一套清晰、循序漸進的「信任建立過程」，將能更有系統地讓關係從點頭之交轉為業務夥伴。

信任的三層遞進模型
(Three-Layer Trust Model)

1. 可預測性（Predictability）

顧客首先要觀察你「是否一致」。如準時赴約、回覆訊息不延遲、資料內容與說明一致等，是建立初步信任的前提。

2. 相關性（Relevance）

當顧客開始與你互動後，他會評估你提供的資訊、建議是否「與我有關」。是否針對他的產業、角色、需求說出適切建議？這是從友好邁向有價值關係的關鍵點。

3. 利他性（Benevolence）

當你主動提供額外協助、在對方尚未購買前就已分享資源或觀點時，顧客會逐漸認定你是站在他這邊的人。

這三層信任必須「由外而內、逐步鞏固」，不可跳過也不可急推。

案例：Mailchimp 銷售團隊的信任階梯設計

據業界觀察，Mailchimp 在其行銷自動化轉型專案中，曾設計一套針對新客戶開發流程的分階段互動策略。該策略引導業務代表根據顧客信任層級設計前三次互動內容，以逐步建立互信關係與溝通深度。

具體做法如下：

◆ 第一次互動：聚焦於提供明確回覆與基礎資源，建立「可預測性」與專業感；
◆ 第二次互動：針對對方產業背景，分享具參照性的成功案例，提升「相關性」與認同；

第五節　從朋友變成交：建立信任的三層遞進策略

◆ 第三次互動：主動安排免費資源、內容體驗，或回訪未購用戶，針對潛在疑慮進行回應，展現「利他性」與服務誠意。

內部實務回饋指出，這類循序漸進的信任建構方式，有助於提升顧客參與感與後續轉換意願。雖具體成效可能因產業與目標客群而異，但該方法展現了在數位銷售流程中，情境設計與節奏管理對於成交品質的重要影響。

實作建議：如何讓信任成為可複製流程？

1. 設定信任階段目標

如「第一通電話不談產品，只確認需求與建立節奏感」。

2. 在 CRM 中標記信任進展

建立欄位如「是否曾主動提供資源」、「顧客是否主動詢問進階方案」等作為進度指標。

3. 設計低壓提問機制

如「這段時間內有沒有什麼我可以補允的？」或「如果您有猶豫的地方，我很樂意了解一下」。

這些策略將讓你把「信任」從抽象轉為可追蹤、可優化的實務流程。

結語：
從朋友變成交，是尊重節奏與情感的技術

真正的成交，不是靠話術說服對方點頭，而是讓對方自然感到「我願意把這件事交給你」。而這種感覺，是日常互動中一次次小信任的累積結果。

當你願意放慢一點點腳步，建立起可預測、具關聯又充滿善意的互動模式，成交就不再是你追著顧客跑，而是顧客主動走向你。

第六節
顧客類型分級：
不同人用不同「靠近法」

**溝通失敗的關鍵，不在於你說錯話，
而在於你對錯人說對話**

每位顧客皆具備獨特的偏好、溝通風格與決策模式，若業務人員所採用的對話方式無法對應顧客的心理結構，往往會造成溝通成本升高，導致資訊失焦與成交機率下降。

根據《哈佛商業評論》過往對商務溝通策略的分析指出，業務人員若能調整溝通語氣、節奏與接近策略，使之更貼合顧客的行為特質與認知偏好，將更有可能促進對話的流暢度與信任感。實務觀察亦顯示，高績效業務往往具備辨識顧客類型並快速調整應對策略的能力，是其維持穩定成交表現的重要因素之一。

因此，成功的銷售人員應培養對顧客行為模式的敏感度，並根據對方的溝通偏好，選擇適合的「靠近法」，以降低心理摩擦、提升互動效率與成交可能性。

常見的四大顧客行為類型

1. 分析型（Analytical）

注重邏輯、資料與證據，不輕易下判斷。

靠近策略：準備好數據與案例，減少情緒說服，給予思考空間。

2. 支配型（Driver）

目標導向、喜歡掌握主控權、重視效率。

靠近策略：開場即切入重點，提供明確方案與決策選項，少繞圈。

3. 表現型（Expressive）

情緒外顯、喜歡互動、偏好故事與畫面感。

靠近策略：用案例與情境激發情緒共鳴，保持對話節奏與活潑語調。

4. 親和型（Amiable）

人際和諧導向、迴避衝突、偏好循序與穩定感。

靠近策略：先建立關係、展示誠意與耐心，不逼迫做決策，強調陪伴與合作。

這四種類型並非絕對分類，而是幫助業務在短時間內釐清接觸策略的依據。

第六節　顧客類型分級：不同人用不同「靠近法」

案例：IBM 的「角色導向銷售劇本」設計

根據 IBM 發布的 *Smarter Selling Playbook* 及其企業培訓資源中的說明，該公司推動以「顧客溝通風格辨識」為核心的角色導向銷售策略。業務人員被訓練觀察顧客在對話中展現的語速、語言結構、反應節奏與決策模式，並依此歸納為四種常見的溝通風格，每一類型皆對應不同的互動節奏與說服策略。

例如：針對偏好理性分析的顧客（Analytical），IBM 建議業務人員於會議前準備完整資料、白皮書或第三方數據佐證，並於會後提供書面摘要，以符合其重視邏輯與證據的溝通特性。相對地，對於偏好關係導向的親和型顧客（Amiable），則鼓勵先從個人關懷或企業文化切入，延後產品細節的推進，以維持較低壓、較柔性的互動氛圍。

根據 IBM 在內部發表的訓練觀察與回饋資料顯示，導入此類角色導向策略後，有助於提升初次聯絡的顧客正向回應率，並優化後續溝通節奏與成交效率。雖成效會依產業與客群而異，但此模型突顯出：理解「對話對象是誰」往往比「怎麼說」來得更關鍵。

第五章　打開第一次對話：接近潛在客戶的技術

分級應對策略四步驟

1. 聽第一段語氣與節奏

開場就判斷對方是快講者（Driver / Expressive）還是慢思考者（Analytical / Amiable）。

2. 問第一個問題看回答結構

如回答直接且有行動語詞，可能是支配型；若圍繞人際關係，可能是親和型。

3. 微調語氣與互動節奏

快速型加快回應並收斂焦點，慢速型拉長鋪陳、強化安全感。

4. 觀察是否接受你的節奏

若對方開始主動補充、延伸問題，代表節奏已協調成功。

結語：成交不是靠話術，而是靠對頻

顧客類型分級的本質，不是標籤人，而是更有效地「理解差異、調整策略」。當你說話的節奏、語氣與資訊架構能與對方內在邏輯一致，你就打開了通往信任的溝通通道。

一位真正高效的業務，不是說最多話的，而是說最對話、對最對的人說話的那一位。

第六章
讀懂需求,才能成交:
從洞察到提案的核心力

|第六章　讀懂需求，才能成交：從洞察到提案的核心力

第一節
潛藏於「沒興趣」背後的真相

　　在銷售現場，許多業務人員可能都曾碰過這樣的場景：滿懷熱情地介紹產品或服務，卻換來一句冷冰冰的「沒興趣」。這句話往往讓人感到挫敗，但若從行銷心理學的角度來看，它其實不是結束，而是開始。顧客說出「沒興趣」的表面語言，背後常藏有更深層次的心理訊號與需求差異，而理解這個差異，正是銷售成功的起點。

　　根據行為經濟學者丹尼爾・康納曼（Daniel Kahneman）的研究，人們在做決策時大多仰賴直覺系統（System 1）而非理性分析（System 2）。當顧客說「沒興趣」，多半是由直覺快速反應而來，而非真正經過深思熟慮。這也意味著，業務員不該直接接受這個答案，而應該進一步探索顧客潛藏的真正想法。

顯性需求與潛在需求的區別

　　在銷售理論中，需求大致可以分為兩種：顯性需求（Explicit Needs）與潛在需求（Latent Needs）。顯性需求是顧客能清楚表達的需求，像是「我需要一臺筆電來辦公」，這類需求容易被捕捉與滿足。而潛在需求則是顧客尚未察覺或無法明

第一節　潛藏於「沒興趣」背後的真相

確說出的渴望，例如「我希望工作起來更有效率」或「我想讓自己看起來更專業」。

行銷學者菲利浦・科特勒（Philip Kotler）指出，偉大的品牌並非只是滿足顯性需求，而是能喚醒甚至創造潛在需求。也因此，業務人員若僅聚焦於表面需求，往往只能停留在產品的基本介紹階段，無法深入觸動顧客的決策核心。

舉例來說，一位顧客進入家具店，說自己只是「看看」，這是顯性表達的「沒興趣」。但若觀察他駐足於多功能收納櫃的時間較長、對小坪數空間規劃展示特別感興趣，就可能反映出他實際上正在煩惱新搬家的收納問題。此時若業務員只是點頭讓他自行瀏覽，就錯失了挖掘潛在需求的機會。

潛在需求的五種線索

若要讀懂顧客真正的動機，理解潛在需求的五大線索至關重要：

（1）非語言行為：顧客停留時間長、眼神專注、頻繁觸摸商品，可能意味著高度興趣。

（2）模糊語言：「我只是看看」、「還在比較中」等用語，其實是給出對話空間的線索。

（3）情緒反應：出現微笑、驚訝、眉頭深鎖等表情，皆可能是情緒指標。

(4) 詢問細節：對特定功能或價格細節特別好奇，表示已開始進入決策框架。

(5) 延伸問題：如「你們有其他顏色嗎？」、「能不能分期付款？」這類問題，是購買意圖顯現的具體訊號。

理解這些線索後，業務人員便能從顧客的表現中找出突破口，進而順勢引導對話。

顧客說「沒興趣」的八種心理動因

根據消費者行為研究，「沒興趣」的說法往往掩蓋了以下八種心理狀態：

(1) 害怕被推銷：過去不良經驗讓顧客形成防衛心。

(2) 尚未覺得需要：產品與當下生活情境尚未連結。

(3) 資訊過載：無法立即做出判斷。

(4) 認知失調：現有認知與產品資訊產生衝突。

(5) 決策壓力：不希望當下就被迫做決定。

(6) 品牌不熟悉：對品牌或服務缺乏信任感。

(7) 自尊保護：不想在他人面前顯得自己需要幫助。

(8) 尚在觀望：正在等待更明確的替代方案。

這些心理因素並非真正的「沒需求」，而是顧客尚未被引導至需求顯現的階段。

引導需求的策略

那麼,該如何從「沒興趣」走向「有可能」呢?這裡有幾項實務策略:

(1) 改變問題設計:與其問「你對這產品有興趣嗎?」,不如說「你平常在選這類產品時,最在意什麼?」

(2) 使用鏡像反應:用顧客的語言回應,如:「你說只是看看,是否代表你最近剛好在評估這類產品?」

(3) 提供微小價值:例如贈送簡單的比較表、試用方案,讓顧客產生心理占有。

(4) 建立共鳴情境:描述與顧客相似的用戶情境,讓對方更容易代入。

(5) 迴避壓迫式銷售:讓顧客有主導空間,避免引發防禦性。

這些做法不僅有助於挖掘需求,也強化與顧客的信任關係。

案例:共享空間品牌的需求轉化過程

以共享閱讀與工作空間品牌 A 為例,品牌 A 在進軍市場初期,主要鎖定自由接案工作者與準備國考的學生作為核心目標族群。儘管團隊投入大量行銷資源進行宣傳,仍常遭遇潛在顧客表達「沒興趣」或「不清楚為何需要」的反應。

第六章　讀懂需求，才能成交：從洞察到提案的核心力

然而，品牌 A 的行銷部門觀察使用者在咖啡店工作、在圖書館久坐的行為模式後，發現許多人其實對一個可以長時間安靜工作、同時又具備舒適與功能性的場所深感需求，只是尚未將這個模糊的渴望轉化為具體的購買動機。

於是，團隊重新設計產品體驗，針對不同使用場景設計專屬空間模組，例如「接案者創作艙」、「備考靜音區」，並推出「免費一日體驗券」與「轉介好友共享折扣」等策略。經過幾個月推廣後，顧客從最初的觀望，逐漸主動詢問使用條件與訂閱方式，最終提升轉化率至原先預期的兩倍。

這個案例顯示，當顧客尚未意識到自身需求時，業務與行銷策略必須先行創造連結點，從生活場景中挖掘未被命名的需求，並用具體方式加以呈現，才能讓「沒興趣」轉變為「我要了解」。

結語：換位思考才能真正「聽懂」

總結來看，「沒興趣」從來不是終點，而是需要轉譯的訊號。業務員若能運用心理學與需求辨識技巧，便能從顯性語言中找出潛在需求，進一步搭起對話的橋梁。在未來的銷售過程中，唯有不輕易被拒絕打退、能耐心傾聽與解碼顧客語言的業務人員，才有機會從一次次看似失敗的對話中，發掘潛藏的成交機會。

第二節
問對問題才有答案：
高效提問的 SPIN 模型應用

在銷售過程中，提問不僅僅是一種資訊收集手段，更是一種策略性引導。根據英國銷售專家尼爾・雷克漢姆（Neil Rackham）所提出的 SPIN 銷售模型，成功的業務對話應該依循四種問題的邏輯順序：情境（Situation）、問題（Problem）、暗示（Implication）、需求滿足（Need-Payoff）（Rackham, 1988）。這四個步驟不僅能幫助業務人員深入了解顧客背景與痛點，更能順利引導顧客從問題覺察走向購買決策。

SPIN 四步驟：從表面對話邁向深層需求

1. 情境問題（Situation Questions）

蒐集顧客目前使用的設備、流程或狀況，例如「您目前的資料處理方式是怎麼進行的？」這類問題幫助業務掌握客戶背景，建立後續談話基礎。

2. 問題問題（Problem Questions）

進一步了解顧客在現行方式中遇到的困難，如「在資料整理上是否曾發生延誤？」這能觸發顧客開始反思自身困境。

3. 暗示問題（Implication Questions）

將顧客所提問題擴大其影響層面，例如「若這樣的延誤經常發生，是否會影響報告品質與主管觀感？」此類問題能讓顧客更深刻感受問題的嚴重性。

4. 需求滿足問題（Need-Payoff Questions）

聚焦於顧客的期待與改善後的好處，例如「若有一套自動化整理系統能節省您一半時間，您是否會感興趣？」這讓顧客看見問題解決後的具體價值。

這套模式不僅是一種對話架構，更是一種心理引導機制。藉由循序漸進的問題設計，業務人員可以讓原本模糊不清的需求被具象化，進而提升成交的機會。

案例：企業軟體公司的提問策略

假設企業 A 提供企業雲端資料整合與分析系統，業務顧問阿珊在拜訪一家中型製造公司時，採用 SPIN 模式進行銷售：

她先問：「目前你們的生產資料都怎麼儲存與分享？」（情境問題）

對方回答仍依賴 Excel 人工整理，她追問：「是否曾出現資料遺失或重複彙整的情況？」（問題問題）

第二節　問對問題才有答案：高效提問的 SPIN 模型應用

得知確實曾因人為疏失導致月報錯誤後，阿珊進一步說：「這樣的錯誤若在報稅季或供應商審查時出現，會不會造成業務困擾？」（暗示問題）

最後她提出：「若我們的系統能將這流程自動化並減少人力，是否對貴公司有幫助？」（需求滿足問題）

這段對話不帶強迫銷售，而是透過有邏輯的提問讓顧客自行意識到問題與解法，進而提升接受度。

提問不是審問：營造對話空間的技巧

實務上許多業務誤將 SPIN 當作問卷式套話，導致顧客反感。真正有效的應用應該具備以下三點特徵：

◆ 問題需自然融入對話脈絡：不要一次連問四題，而是隨談話順勢提出問題。
◆ 每一題都為後續鋪路：設計問題時應有階梯感，每一題都為下一題建立基礎。
◆ 回應需比提問更精準：問完之後要根據顧客反應提出真誠回應，而非急於進入銷售模式。

這樣的對話方式才能讓顧客願意敞開心房，分享更多關鍵資訊。

應對不同性格顧客的提問調整

不同性格的顧客對提問的接受度也不同：

- ◆ 分析型：喜歡具體、有邏輯的提問，應避免情緒性引導；
- ◆ 感受型：需建立情感連結，可多用比喻、情境激發想像；
- ◆ 支配型：偏好結果導向，問題應直接指向利益與效率；
- ◆ 表現型：喜歡互動與變化，提問方式可靈活、幽默些。

善用 SPIN 架構並配合性格判斷，有助於精準導引每位顧客的決策模式。

結語：提問力是成交的隱性關鍵

總結來說，高效提問力不只是銷售技巧，更是一種顧客理解力的展現。SPIN 模型提供了策略性提問的完整架構，讓業務人員能從對話中挖掘顧客需求、建立信任、強化價值感知。唯有懂得問對問題，才能在瞬息萬變的市場中，真正聽見顧客心中的答案。

第三節
情境化提案：FAB 說服結構

在行銷與銷售實務中，成功的提案往往不是來自最完整的產品規格，而是來自最能引起共鳴的溝通方式。現代消費者面對過多資訊，已不再容易被產品本身吸引，而是希望看見與自身情境息息相關的解決方案。FAB 模型不僅提供一套明確邏輯來呈現產品價值，更是一種「顧客語言化」的技巧。

銷售不是單方面地灌輸資訊，而是一場邏輯與情感兼備的說服過程。當顧客的需求已被成功發掘，業務人員下一步就是提出一份具備說服力的提案。此時，若只是簡單羅列產品功能或價格優惠，往往無法打動顧客真正的購買動機。這正是 FAB 模型的重要性所在。

FAB 模型由三個要素組成：產品特色（Feature）、優勢（Advantage）與利益（Benefit）。這三個元素不只是商品說明的順序，更是引導顧客從理性理解走向情感共鳴的過程。當 FAB 說服結構運用得宜，便能將一項普通的產品，轉化為貼近顧客生活情境的解決方案。

第六章　讀懂需求，才能成交：從洞察到提案的核心力

FAB 三步驟：讓商品從「功能」變「價值」

1. Feature（特色）

這是產品的客觀屬性與技術描述，例如「這款行動電源容量為 20000mAh」。

2. Advantage（優勢）

說明產品相對其他產品的功能性優勢，例如「因此可以充 iPhone 五次以上，不需常充電」。

3. Benefit（利益）

連結顧客生活情境，例如「即使你出國旅行一整天也不用擔心手機沒電，省去找插座的麻煩」。

根據心理學家艾伯特・麥拉賓（Albert Mehrabian）的研究，顧客的購買決策僅有 7% 來自文字內容，其他則來自語調與肢體語言（Mehrabian, 1971）。這表示 FAB 模型若能融合語言表達與情境化想像，說服力將大大提升。

FAB 應用錯誤：單點功能難以打動人心

許多新手業務在銷售時常會陷入「功能宣傳」陷阱，僅強調產品的技術面。例如：「這雙跑鞋使用最新碳纖維中底設計。」對非專業運動者而言，這種陳述缺乏生活連結，容易

第三節　情境化提案：FAB 說服結構

淪為資訊轟炸。相對地，若能說：「這雙鞋讓你在晨跑時感覺腳步更輕盈，即使是第一次跑也能減少膝蓋負擔」，顧客更容易產生畫面與情感共鳴。

FAB 結構的重點不在於多說，而是說對。尤其是在顧客已經對產品有初步認知後，提案的關鍵轉化力來自「利益」的描繪，而非僅停留在「特色」。

案例：智慧家電品牌的客製提案

以品牌 B 為例，其業務人員在推廣智慧空氣清淨機時，常運用 FAB 結構進行提案：

◆ 特色：「我們這款空氣清淨機有五重過濾技術，包括 HEPA13、活性碳與抗菌銀離子層。」
◆ 優勢：「可以有效過濾 99.97% 的 PM2.5、異味與細菌。」
◆ 利益：「這表示即使你家住在交通繁忙的市區，也能在室內安心讓孩子爬行、寵物玩耍，不必再擔心空汙對健康造成影響。」

這樣的提案方式，不僅突顯產品差異，也讓顧客立刻代入「為什麼我需要」的情境。尤其是在面對家庭族群時，利益的描繪與生活安全感的強化，更是提案成功的關鍵。

提案不只說服,更是價值塑造

有效的提案不只是「告訴」顧客產品有多好,更是「引導」顧客看見自己的未來。FAB 模型正是這座橋梁。當業務人員能從顧客角度出發,將產品功能轉化為生活中的價值,顧客就更容易產生心理認同與購買行動。

同時也要注意,FAB 不一定需要照順序說完,有時可根據對話情境先從「利益」切入,再倒回補充「特色」與「優勢」。靈活運用 FAB 能讓對話更貼近顧客節奏,提升真實交流的可能。

結語:讓每一次提案都像為你量身打造

總結來說,FAB 說服結構的力量來自於「換位思考」與「情境化」。顧客不想聽你有什麼產品,他們想知道這產品能為他解決什麼問題。唯有透過精準的 FAB 設計,才能從產品特色出發,走到顧客心中那一句:「這正是我需要的!」

第四節
顧客購買動機分析：
馬斯洛與福格行為模式的實戰運用

顧客為什麼會買單？這個看似簡單的問題，其實蘊藏著深層的心理學與社會學脈絡，牽涉到人類的本能、生存慾望、情感需求與環境互動。從行為心理學的角度來看，購買行為的生成並非單一刺激造成的直接反應，而是多重心理機制、情境因素與行動能力的共同作用結果。這表示，我們無法僅依靠價格、廣告或促銷單一元素來解釋成交，而必須更深入探討顧客的「心理驅動力」——那促使他們在某個時間點採取特定行為的根源動機。

消費心理學指出，行為的觸發點常隱藏在我們意識的邊緣地帶，人們經常無法明確表達為什麼會購買一項商品，而業務人員若能透過有邏輯的提問與動機分析，就能勾勒出那條從潛意識到實際行動的路徑圖。也因此，理解顧客內在的需求層次與行為條件，不僅是銷售技巧，更是一門跨足心理學、行銷策略與人際溝通的綜合學問。

第六章 讀懂需求，才能成交：從洞察到提案的核心力

馬斯洛需求層次理論：解構動機五階段

亞伯拉罕·馬斯洛（Abraham Maslow）於1943年提出著名的需求層次理論，指出人類需求分為五層次，由基礎到高層依序為：

- 生理需求：如食物、水、空氣、休息、排泄等基本維生所需，是人類行為的第一驅動力。
- 安全需求：包含人身安全、經濟穩定、健康保障、居住安全等，這層需求讓人尋求秩序與可預測的環境。
- 社交需求：意指人類對歸屬感、人際互動與情感連結的渴望，包括家庭、朋友、團隊歸屬。
- 尊重需求：分為自尊與他人尊重兩個層面，人們渴望成就、被欣賞與獲得地位肯定。
- 自我實現需求：為最高層次，包括創造力的實踐、自我潛能的發揮，以及對人生意義的探索。

在銷售策略設計中，業務人員應練習辨別顧客目前處在哪一層需求狀態，並設計相應的說服語言。例如當一位準媽媽考慮購買汽車座椅時，與其強調「CP值高」，不如訴求「給寶寶一個最安心的保護」，因為她所關心的是安全與社交層次交會處的家庭責任角色。這樣的語言，會比數據更有打動力。

第四節　顧客購買動機分析：馬斯洛與福格行為模式的實戰運用

掌握馬斯洛模型，能讓銷售對話進入顧客內心世界，從需求的根源切入，讓提案更具穿透力。

福格行為模型：觸發行為的三要素

與馬斯洛著重在需求層次不同，史丹佛大學行為設計學者福格（B. J. Fogg）則從實踐面出發，提出「行為＝動機＋能力＋提示」（B=MAP）這一套可操作的行為觸發理論。他主張，任何一個行為的產生，必須在這三個元素同時具備時才會發生。

- 動機（Motivation）：顧客對某個行為或結果的渴望程度，包括追求快樂、逃避痛苦、渴望社交地位或安全感。
- 能力（Ability）：顧客是否具備完成該行為的資源與條件，包含金錢、時間、知識、體力與心理負擔程度。
- 提示（Prompt）：一個行動的啟動訊號，可以是通知、廣告、銷售對話、活動參與或朋友推薦等。

若顧客動機高、能力也高，但缺乏提示，行為仍然不會發生；相反，若提示出現時動機低或能力不足，顧客也不會採取行動。因此，這三者的組合與平衡，是所有轉化策略的核心。

實務上，我們可以從三種常見錯誤類型反向推演：

(1) 只有廣告但無購買行為→代表缺乏能力或提示不夠強烈。

(2) 顧客很有興趣但總在猶豫→多為能力障礙，如價格過高、操作困難或流程太繁瑣。

(3) 顧客能買但從不主動→顯示提示策略不足，未有效提醒或設計動作入口。

案例：從動機到轉化的精準設計

以智慧鍋具品牌 C 為例，針對忙碌職場媽媽族群，他們設計出能自動烹煮與語音操控的鍋具。為提升購買轉化率，品牌 C 採取以下福格策略：

(1) 提升動機：強調「下班後 10 分鐘內輕鬆上桌，照顧家人又不累」，連結情感需求與家庭角色。

(2) 降低能力門檻：設計 APP 一鍵操作介面、免開火使用，消除學習與操作壓力。

(3) 明確提示設計：透過 LINE 官方帳號每天中午推送「今晚三菜一湯食譜＋一鍵購買食材」訊息，讓顧客從接收到提示到完成訂單只需 30 秒。

第四節　顧客購買動機分析：馬斯洛與福格行為模式的實戰運用

在這樣三要素精準布局下，品牌 C 不僅提高了每日互動率，也將顧客的平均轉換率從 2.1% 提升至 4.8%。

這個模型也提醒我們，許多看似「沒興趣」的顧客，其實可能只是卡在某個未被解決的元素上。業務人員若能在對話過程中察覺顧客卡住的是動機、能力還是提示，就能對症下藥，順勢引導行為發生。

福格模型不只是策略思考框架，更是優化顧客體驗與流程設計的實戰工具，對於設計行動呼籲（CTA）、轉化機制與使用流程具有高度參考價值。

▌第六章　讀懂需求，才能成交：從洞察到提案的核心力

第五節
創造需求不是洗腦：
用行為心理學做需求引導

在銷售過程中，「創造需求」往往被誤解為一種操控或誤導的手段，甚至有人將其與「洗腦」畫上等號。但事實上，真正有效與長遠的需求創造，並不是強迫顧客購買，而是透過洞察人性與心理機制，幫助顧客看見他原本沒意識到的問題與渴望，進而主動產生行動的意願。

現代行為心理學與神經行銷學（Neuromarketing）指出，人的大腦對「問題－解法」的模式特別敏感。當一個人意識到問題時，會本能地尋找解決方案，這就是行為啟動的黃金時刻。成功的業務人員，正是利用這個過程，在顧客的思緒還未清楚之前，就透過設計好的提問與情境，點燃潛在動機的火花。

洞察盲點：從無感到有感的心理躍遷

心理學家丹尼爾‧康納曼（Daniel Kahneman）在《快思慢想》（*Thinking, Fast and Slow*）一書中指出，人類多數決策是基於快速、情境化的直覺反應（System 1），而非深度思考

(System 2)。這意味著,許多顧客其實並未深入思考是否需要某產品,而是在某個「提示」或「場景想像」中突然感受到需求的存在。

這正是業務人員可以介入的契機。透過精準設計的提問與比喻性對話,例如:「你有沒有想過,當手機突然沒電時,會錯過多少工作訊息與家庭聯絡?」,便能讓原本毫無警覺的顧客突然感覺「這好像是我該注意的事」,進而從無需求轉為有需求。

這種策略不只是銷售話術,而是一種「情境預演法」:幫助顧客在腦中模擬尚未發生的問題,並主動建構解決方案的期待感。

心理建模與預期效益:創造「值得擁有」的認知結構

要成功引導需求,關鍵在於協助顧客建構一套「產品=價值」的心理模型。當顧客能清楚理解產品不只是功能,而是一種效益、一種保險、一種身分象徵,行為才會啟動。

舉例來說,銷售智能運動手環時,若只講「心率偵測」或「步數記錄」會讓人覺得冷冰冰。但若說:「這是一個提醒你保持健康、陪你跑完每一段路的小教練」,則會讓產品從功能

第六章　讀懂需求，才能成交：從洞察到提案的核心力

工具轉變為生活角色，激發情感共鳴。這種「情緒化角色設定」是目前許多品牌（如 Apple Watch、Fitbit）慣用的需求創造方式。

案例：香氛機的需求建構之道

品牌 D 販售高階香氛擴香機，剛上市時市場普遍反應是：「沒必要」、「空氣又沒臭」。但行銷團隊觀察到，許多居家辦公族群對空間舒適度其實有高度敏感，只是他們不會主動去找「香氛機」這類產品。

於是，品牌 D 重新設計廣告內容，並安排業務人員這樣問潛在顧客：「你在家的時候，會不會希望工作空間能像你最愛的咖啡館那樣有氣氛？」、「當你每天結束會議，進房間能聞到放鬆的香氣，是不是有一種『重開機』的感覺？」這些問題搭配情境式影片，逐步讓消費者產生「原來氣味也可以是一種生活品質」的認知。

最終，品牌 D 將原本功能性產品包裝成「個人空間儀式感」的創造工具，不僅突破低需求市場，還帶動一股社群分享風潮。

第五節　創造需求不是洗腦：用行為心理學做需求引導

倫理與共感：從洗腦邊緣回歸價值核心

需求引導與洗腦的最大差異，在於是否尊重顧客的意志與選擇空間。真正有效且長久的需求引導，必須建立在「同理」與「共鳴」的基礎上。

與其急著銷售，不如用提問與陪伴的方式，幫助顧客釐清自己的困惑與渴望。當顧客感受到自己被理解、被支持，他們會更願意聆聽，也更容易進入思考與行動狀態。

在這樣的互動中，業務人員扮演的角色不再是推銷員，而是「需求覺察的協助者」、「價值選項的引導者」。這樣建立起來的顧客關係，不僅能轉化當前的銷售，也能為未來帶來更穩定的品牌認同與回購可能。

結語：引導需求的關鍵，是讓顧客感覺「這是我的選擇」

總結來說，創造需求不應被視為操弄，而是一種讓顧客「看見自己需求」的啟發過程。透過情境塑造、心理建模、與價值共鳴，業務人員可以讓顧客從「我不需要」走向「我其實一直想要」，而這份轉變，正是高階銷售的心理核心。

■第六章　讀懂需求，才能成交：從洞察到提案的核心力

第六節
個案追蹤術：
觀察＋記錄＋調整＝量身提案

　　成交的成功往往來自細節，而非偶然。隨著市場競爭白熱化，單次的提案與銷售往往難以支撐長期業績成長，因此「個案追蹤」逐漸成為業務專業化的分水嶺。所謂的追蹤，不僅是打電話、傳簡訊問「有沒有考慮好了」，而是一套建立在觀察、記錄與動態調整的系統化顧客理解與管理流程。

　　業務工作若缺乏記錄與回顧，就如同每天從零開始；反之，若能建立細緻的顧客資料庫與行為模式分析，就能設計出真正「為你量身打造」的提案，創造前所未有的顧客信任感與轉化率。

第一步：觀察顧客的語言與行為模式

　　「觀察」不只是察言觀色，更是一種策略性聆聽與細節記錄。優秀業務人員常透過以下三個面向來解讀顧客：

- ◆ 語言內容：顧客常用的詞語透露其需求優先順序。例如，經常提到「效率」、「省時間」者，可能重視功能勝過價格。

- 非語言訊號：如眼神閃爍、觸碰產品次數、回應速度等，這些行為可反映出潛在興趣或不安。
- 互動節奏：顧客回覆訊息的速度與主動程度，也能反映其參與度與決策節奏。

觀察得愈細緻，未來提出建議時的命中率就愈高。許多業務高手甚至能記住顧客的語言風格、談吐習慣與使用詞彙，並在下次對話時呼應，建立深層熟悉感。

第二步：建立個案紀錄，追蹤顧客決策演進

當顧客數量逐漸上升時，純粹依賴記憶已不足以應對每一位客戶的獨特歷程。因此，建立系統化的個案紀錄成為關鍵。以下是實務上常用的記錄要素：

- 首次接觸時間與內容：包括對方最初反應、關鍵疑問與表達過的期待。
- 問題與異議記錄：顧客曾質疑過的點，代表其價值敏感區。
- 跟進歷程摘要：每一次通話、會議或簡訊的重點，便於串聯前後邏輯與對話脈絡。
- 情境更新：顧客是否有工作異動、生活事件（如搬家、生子）等可能影響決策的外部因素。

有了這些紀錄，不僅方便業務做個案回顧，也有助於未來團隊內部交接、資料分析與行銷優化。

第三步：依據觀察與紀錄調整提案節奏與內容

最有效的提案，並非來自標準化話術，而是能因應不同顧客狀態做彈性調整。以下是三種常見的調整範例：

- 提案時機調整：若觀察到顧客近來回覆冷淡，可先暫緩產品推薦，轉為提供價值內容（如產業趨勢報導）建立關係。
- 價值主張調整：根據顧客過去提問重點，強化其在意的功能、價格或售後內容。
- 提問策略調整：從直線式詢問轉為故事型引導，如「有一位跟您情況類似的顧客當初……」

這樣的調整不但展現出對顧客的理解，也能提高對方對業務提案的信任與接受度。

案例：如何用追蹤術精準成交

這間商業顧問公司專為中小企業主提供數位轉型解決方案。業務顧問小孟曾接觸一位印刷業老闆，對方一開始反應

第六節 個案追蹤術：觀察＋記錄＋調整＝量身提案

保守，表示「我們公司太傳統了，做這個好像不適合」。

小孟並未急於說服，而是觀察該老闆特別在意「原料進貨效率」與「客戶重複下單率」，於是將第一次會談記錄下來，並設計一份報告針對進貨系統自動化與顧客關係管理的改善提案。之後每隔兩週發送一則與對方產業高度相關的數位轉型案例分享，並在一個月後邀約對方參加一場免費講座。

在三個月內的持續追蹤與節奏控制下，該老闆主動來電表示「你講的東西我想再了解一下」，最終成交一套 CRM 系統，並主動介紹其他業界朋友與小孟的公司接洽。

結語：每一筆紀錄，都是未來的成交線索

總結來說，觀察、記錄與調整的個案追蹤術，並不是增加工作負擔，而是讓業務更能掌握每一位顧客的行為邏輯與心理狀態。唯有深耕資料、理解節奏、尊重變化，才能真正做到「量身提案」，在錯綜複雜的銷售戰場中，走得更遠、贏得更多。

第六章　讀懂需求，才能成交：從洞察到提案的核心力

第七章
開啟第一次會談：
初次拜訪的心理與策略設計

第七章　開啟第一次會談：初次拜訪的心理與策略設計

第一節
初訪的目的是鋪路不是成交：
心態設定很關鍵

在 B2B 業務的實戰中，「第一次會面」的價值常常被低估。很多新手業務帶著高度期待甚至壓力來到顧客面前，心中盤算著該怎麼讓對方點頭答應合作。但事實上，若第一次見面就強求成交，往往會事與願違。從心理學與銷售經驗的交叉視角來看，初訪的核心價值，不是成交，而是建立對話的可能、埋下信任的種子，以及形塑業務在顧客心中的角色。

根據《哈佛商業評論》的一項報告指出，第一次會面若能讓顧客感覺被尊重與理解，其後續回應意願可提升近 70%。這也意味著，心態正確與否，將直接影響銷售關係是否能進入長期經營階段。

初次拜訪，往往是業務與顧客之間的第一次正式互動，也是建立信任與後續合作關係的起點。然而，許多業務在面對初訪時仍存在錯誤心態，誤以為第一次就要說服對方成交，導致整場會談氣氛緊繃、節奏失衡。事實上，成功的初訪目標不在於成交，而在於「鋪路」，讓顧客感覺這段互動是愉快、自然且值得繼續對話的起點。

第一節　初訪的目的是鋪路不是成交：心態設定很關鍵

　　心理學家卡爾・羅傑斯（Carl Rogers）指出，有效的溝通關係建立於「真誠、接納與共感」三要素之上（Rogers, 1957）。業務若能以這三項為出發點，將焦點從產品轉向顧客，便能更容易打開對方的心房，創造正面第一印象。

放下「成交焦慮」，聚焦「關係起點」

　　所謂「成交焦慮」，是指業務過度關注短期成果，反而忽略長期布局。這種焦慮會讓業務在會談中不自覺表現出急躁、說教甚至是壓迫感。顧客雖可能不直接表達不滿，但這些細微的情緒與非語言反應（如微蹙眉頭、身體後仰）都會影響關係進展。

　　相對地，若業務把初訪設定為「探索、傾聽與共鳴」的過程，反而更能贏得顧客的好感。例如：「我今天不是來跟您談買不買，而是想多了解您的想法與經營現況，看未來有沒有我們能幫上忙的地方。」這樣的話術能有效卸下對方心防，轉而主動分享資訊。

初訪三大目的：觀察、信任、邀約

　　(1) 觀察顧客需求與風格：透過對談過程理解對方關心的議題、決策風格、價值觀排序。

| 第七章　開啟第一次會談：初次拜訪的心理與策略設計

(2) 建立信任基礎與個人印象：讓對方記住你是一個值得信賴、思路清晰、有專業但不帶壓力的合作對象。

(3) 為下一次拜訪埋下伏筆：不求立即成交，而是留下有價值的資料、觀點或解方，引發顧客「想再談一次」的動機。

掌握這三個初訪核心任務，才能讓整體銷售流程更具延展性與黏著性。

案例：初訪鋪路策略

業務小荃專門提供工業流程自動化解決方案。她第一次拜訪印刷公司的行政經理時，並未帶厚厚的簡報或報價單，而是準備了三個簡單問題與一本《製造業智慧升級趨勢報告》。

小荃先從了解該公司目前人力編制與流程安排談起，再詢問對方是否曾考慮優化內部流程。她說：「我今天沒有要推銷任何東西，只是想了解貴公司目前的情況，也許未來我們可以協助規劃一些小調整，幫助大家工作更省力。」

這樣的語氣與態度，讓對方感覺無壓力，且願意分享更多現況。最終，小荃在會議結束時留下了趨勢報告，並說：「有空時您看看，若您覺得這方向有興趣，我們可以再深入聊聊。」

兩週後，對方主動來信邀約第二次會談，並表示報告中提到的「AI 資料整合」對他們部門很有啟發。

第一節　初訪的目的是鋪路不是成交：心態設定很關鍵

這案例說明，只要初訪能精準鋪路，即使沒有立即成交，也能為後續奠定堅實基礎。

延伸策略：初訪後的反思與自我優化

成功的初訪不僅僅發生在現場，更在於會後的自我回顧與策略調整。業務人員應在每次初訪結束後，進行以下幾點簡要反思：

◆ 顧客有明確表現出興趣的議題是什麼？
◆ 我今天是否有足夠時間讓顧客表達？
◆ 我是否成功傳達出「非推銷」而是「探索合作」的態度？
◆ 對方在過程中有出現明顯猶豫或情緒變化的時刻嗎？是什麼觸發的？

這些問題的答案，可以構成下一次會談策略的核心。透過這樣的「回顧→優化→再行動」循環，才能真正將初訪從一次見面，變成長期合作的起點。

此外，也可以適度記錄顧客反應，例如表情變化、語速快慢、會議過程中何時最投入，這些細節不僅幫助記憶，更能在日後設計對話或簡報重點時發揮重大作用。

第七章　開啟第一次會談：初次拜訪的心理與策略設計

第二節
規劃對話節奏：
從寒暄到誘發興趣的層層引導

　　初次拜訪不只是傳遞資訊的場合，更是一場雙方節奏對齊的心理工程。對話的開場、過程與收尾若能經過精心設計，不僅能降低顧客戒心，也能有效引發對方興趣、建立連結與提高回應率。很多業務雖然具備專業知識，但因為對話節奏失當而錯失建立信任的機會。從寒暄到深聊，從傾聽到引導，這中間的層層轉換，構成了初訪成功的關鍵曲線。初訪一開始的對話節奏與溝通方式，極大程度影響整場互動的氛圍與深度。

建立節奏感：四階段對話鋪陳法

　　一場成功的初訪談話，可分為以下四個階段：

1. 寒暄建立關係感（2～5 分鐘）

　　利用觀察對方辦公環境、穿著、桌上物品等，找出輕鬆開場話題，如「我看到您辦公桌上的那本書我也很有興趣」或「您這裡的採光真棒」。這些非正式話題可緩解氣氛，拉近心理距離。

2. 主題切入前的認同感建立（5 分鐘）

從「了解」而非「介紹」的角度切入，例如：「我聽說您公司最近參加了產業聯盟，您怎麼看這次趨勢？」讓顧客覺得你關心他、了解他而非直接銷售。

3. 核心價值對話（10～20 分鐘）

針對顧客可能面對的痛點進行探索式提問，應採用開放式問題讓對方多說話，例如：「目前在客戶維繫這一塊，貴公司最大的挑戰是什麼？」

4. 預留出口與邀約（結尾 5 分鐘）

若判斷時機尚未成熟，可留下具價值的參考資訊或分析資料，並說明：「這次先簡單了解，下次我想再針對您提到的幾點做個更具體的回應，可以嗎？」

這四階段可讓整場對話從建立安全感、邁向認同感，再進入價值溝通與後續延伸，節奏漸進、邏輯清楚。

常見錯誤：節奏過快與資訊過量

業務常見兩種節奏錯誤，一是「急於成交」，從一開始就不斷丟資訊、秀功能、講數據；二是「過度閒聊」，讓顧客感到浪費時間或對話無重點。

第七章　開啟第一次會談：初次拜訪的心理與策略設計

節奏過快會讓顧客無法消化資訊，也無心理空間表達意見；節奏過慢則易被視為不夠專業。因此，關鍵在於用提問與回應來掌控主導權，在尊重對方的節奏中，慢慢導入想傳遞的內容。

案例：業務節奏策略

業務文謙專做零售店顧客行為分析。他拜訪一家連鎖文具店老闆時，開場先聊到對方展示櫃旁邊放著《經濟學人》的雜誌，進而聊到該雜誌近期談零售科技的內容。

接著他問：「您認為文具這類實體零售，面對網購要怎麼提升來客轉換率？」這樣的問題讓老闆感覺被尊重，也願意分享自己經營困境。文謙順勢切入說：「我們最近有協助一家類似規模的品牌做熱區分析，效果還不錯，有興趣的話下次可以讓您看看操作報告。」

整場會談從生活化對話起步，逐步過渡到核心價值溝通，結尾又留下具體邀約與後續行動空間，節奏自然、層層遞進。

結語：掌握節奏，創造溝通空間

總結來說，業務的提案成功與否，並不只在於說了什麼，而更在於「怎麼說」、「什麼時候說」。良好的對話節奏設

第二節　規劃對話節奏：從寒暄到誘發興趣的層層引導

計，能讓顧客感受到尊重與安全感，也能提升談話的專業感與黏著度。對話不是演講，而是舞蹈——唯有懂得「跟著顧客的節拍」，才能讓每一場初訪都走得深、談得遠。

第七章　開啟第一次會談：初次拜訪的心理與策略設計

第三節
製造記憶點：
讓顧客記得你不只是業務員

在競爭激烈的市場環境中，顧客每天接觸到無數業務人員與推銷訊息，若沒有留下獨特印象，很容易淹沒於眾聲喧嘩之中。這也是為何「記憶點」的設計，成為初訪會談中不可忽視的一環。簡單來說，記憶點就是讓顧客在會後能夠清楚記得你，甚至在不需提醒的情況下主動提起你，這樣的影響力遠比一次性的銷售行動更為長遠。

記憶點不等於噱頭，也不是搞怪或刻意取寵，而是「個人風格」與「價值貢獻」的結合體。有效的記憶點設計，應該讓顧客感受到你是一位「能解決問題的人」，而不只是「來介紹產品的人」。

建立記憶點的三種策略

1. 個人辨識風格

這可從穿著、談吐到隨身物件，例如總是穿淺藍色襯衫、使用帶有品牌標語的筆記本，甚至口頭語句一致如「讓我幫你想一條路」。重點不在形式，而在於可辨識性與一致性。

2. 有價值的見解

分享一則精準、深具啟發的觀察。例如針對顧客業態說出：「我觀察您店面客流雖高，但結帳區動線擁擠，或許會降低客單價。」這種分析能讓顧客覺得「你有專業，懂我們」。

3.「小幫忙」策略

提供與產品無關但對方會記得的協助，例如主動幫忙印報告、提供產業最新報告摘要或簡化行政流程的建議。這些「額外價值」不會被忘記，反而最容易建立好感。

案例：創造記憶的實戰演練

業務顧問玉婷主攻人資管理系統導入。她拜訪一家中小企業時，先觀察到對方人資部門同仁桌上紙本文件多、流程圖貼滿牆壁，判斷其內部資訊流處於半手工半數位化過渡狀態。

她當場未急於推薦系統，而是簡單畫出一張「人資轉型簡圖」，搭配三步驟整理法：清單化－整合－自動通知，並說：「這只是我平常整理流程的習慣，如果您覺得實用，我之後也可以寄電子檔給您。」

這張圖被對方部門主管貼在牆上使用，成為部門內部討論基礎。三週後該公司回信說：「我們最近討論系統化有共

識，想再深入了解你們服務。」玉婷成功用一張非產品性質但高價值的視覺工具創造了記憶點，讓自己從業務角色轉化為「流程顧問」。

結語：記憶點不只是被記住，更是被需要

總結來說，業務在初訪階段若能刻意設計一個能引發共鳴與價值認知的記憶點，就能在無聲競爭中脫穎而出。這樣的設計，必須結合對顧客的觀察力、對產業的理解力與自身角色的定位力，最終讓顧客產生「我需要這個人繼續出現」的感覺，而非「他是那個賣東西的」。

第四節
名片不是傳單：
簡介中嵌入品牌感的關鍵句

在初次會面時，交換名片是一種象徵性的儀式，代表雙方關係從陌生邁向互動。然而，絕大多數名片在會後不久便被遺忘、擱置，甚至與一般廣告傳單無異。若希望名片發揮其應有的影響力，就必須在內容設計與口頭介紹中，注入品牌感與個人價值的「關鍵語句」。

心理學家伊莉莎白・洛夫圖斯（Elizabeth Loftus）的記憶研究指出，人類對於資訊的記憶，不只來自資訊本身，更取決於「資訊被賦予意義的方式」。也就是說，若你在交換名片時能用一句話「定義你是誰、你幫助誰、你解決什麼問題」，將大大提升被記住的機會。

三種強化名片印象的語言策略

1. 定位句法

用一句話描述你服務的核心價值，例如「我是幫助中小企業找出營運效率漏洞的人」，而不是「我是業務顧問」。這類句子具備記憶性與專業性，也能成為延伸對話的起點。

2. 反差對比法

透過突顯常見誤解來創造亮點，例如「我不是來賣東西的，我是來幫你省掉不必要的成本」或「我不是科技業的人，但我讓非科技產業變得更聰明」。這種話術能激發顧客的注意與興趣。

3. 故事化開場

例如「我們幫過一家家庭五金店，把它的營運資料從紙本變成手機 App 管理」這類案例短語，能在交換名片後引出具體價值故事，遠比「我們提供數位化系統」更具畫面與信任度。

案例：名片策略

這是一家專為傳統產業打造品牌形象的設計顧問公司，其業務經理家豪在名片上印製的不僅是職稱與聯絡方式，而是加入一行小字：「讓你家的鐵工廠變成別人手機裡的打卡點。」

這行話在初訪時總能引來一問：「什麼意思？」家豪就順勢說：「我們協助不少傳統工廠轉型，包含設計企業 Logo、包裝與社群曝光，有的還變成地方特色景點。」這種話術不僅讓名片變得有趣，更立刻打開對話空間。

三週後，一位曾簡短見過的企業主主動聯絡家豪，說當時看了那句話一直記得，後來正好遇到包裝設計問題，就想到了他。

名片之於業務，不只是工具，是態度的展現

總結來說，名片若只是一張聯絡卡，便很容易隨時間被遺忘。但若能透過語言設計與情境運用，將品牌感與價值感內嵌於交換的瞬間，那它就不再是傳單，而是一則未完待續的故事起點。業務員要做的，是讓每一次名片遞出的動作，都蘊含策略、情感與期待。

延伸策略：讓名片延伸為互動起點

除了名片當下的介紹語之外，還有許多方式可以讓這張小卡片延伸出更大的對話空間與記憶深度。

1. QR Code 導向互動頁面

透過名片上的 QR Code，不是單純導向公司首頁，而是設計一個「專屬介紹頁」，可包含該業務員的個人簡介影片、客戶推薦語或解決方案影片，讓顧客從實體轉為數位互動，深化對你的認識與印象。

2. 引發好奇的小巧思

例如在名片背面設計一個「五秒測試」的問題，如：「你知道顧客第一眼注意到你名片的哪個字嗎？」或放一句挑動思考的金句，引發對方在會後的再次回想與主動搜尋。

3. 搭配簡短提問開場

交換名片時問：「我名片上那句話您覺得哪一部分比較吸引人？」這不僅延伸對話，也讓對方的回應成為你下次跟進的素材。

社群化名片的進階應用

名片若能與社群平臺策略結合，也能擴大其效益。例如在名片上同步印製 LinkedIn、Instagram 或 LINE 官方帳號的連結圖示，讓對方在交換名片後能快速連結你的數位足跡。這些平臺若平時有經營內容，如產業洞察、服務案例、成功故事等，也會大幅提升「記得你」的機率。

特別是對於年輕或科技產業的客群，傳統名片所能承載的內容有限，社群名片則讓你有機會在交換一張紙卡後，讓對方進入一整個品牌生態。

第四節　名片不是傳單：簡介中嵌入品牌感的關鍵句

結語：
名片是一扇門，也是一次「預約下一次對話」的機會

最後，請記得：一張名片如果沒有讓顧客想起你、點開你、跟你說話，那它就只是紙。但如果它能被設計為一個「對話引子」、「價值起點」，那麼它所承載的，不只是聯絡方式，而是信任的種子，是品牌的開端，是你專業身分的代表。

在初訪策略中，名片不該是最後交代的動作，而應是整場會談「昇華」的結尾，讓顧客記得你，也期待再遇見你。

第七章　開啟第一次會談：初次拜訪的心理與策略設計

第五節
留給對方說話空間：
善用沉默與主導權轉換

在銷售會談中，許多業務誤以為要透過持續不斷的話語來展現專業與熱情，殊不知，真正有影響力的對話，往往來自「說得剛剛好」的份量與「不說」的智慧。初訪階段尤其如此，顧客處於觀察與評估的心理狀態，過多的話語不僅可能壓迫對方，也容易忽略重要的線索。

心理學家赫伯特‧西蒙（Herbert Simon）指出，人在資訊過載情境中會啟動簡化決策機制，也就是「注意力稀缺時，語言越簡潔越有力」。這一觀點提醒我們，與其試圖填滿每個空白，不如設計對話的節奏與空間，引導顧客主動表達，進而取得真實想法與動機。

沉默不是冷場，是信任的緩衝區

沉默常被初學業務誤解為失敗訊號，事實上，適度的沉默是一種「讓對話自然發酵」的空間安排。當你提問完一個開放式問題時，適當地讓對方思考，不急著補話或改變話題，反而能給對方信任與尊重的感覺。

例如問:「您覺得這樣的安排對目前流程有幫助嗎?」之後若對方靜默數秒,不需立刻接話,只需點頭示意或輕聲說「沒關係,您慢慢想」,能讓顧客在沉澱中組織更誠實的回應。

此外,沉默也是一種策略性的觀察時機。從對方的表情變化、眼神移動、手部動作,甚至是呼吸節奏的變化,都可能反映內在猶豫、抗拒或興趣。這些都是後續調整溝通策略的重要依據。

對話空間的三層設計:引導、釋放、收束

有效掌握說與不說的節奏,需將整場會談分為三個階段:

1. 引導階段(開始)

以提問為主,建立對話主題。例如:「最近有沒有什麼讓您覺得流程卡住的地方?」

2. 釋放階段(中段)

讓顧客主導話題,避免頻繁打斷。此階段可使用回饋語氣:「原來如此」、「那聽起來很有挑戰性」,給予傾聽的回應。

3. 收束階段(結尾)

整理對話要點,引導下一步行動。例如:「所以我們下次就針對這幾個重點幫您設計方案,方便嗎?」

第七章　開啟第一次會談：初次拜訪的心理與策略設計

這樣的節奏設計，不但讓對話更自然，也能讓顧客感受到主體性與參與感，提升信任與後續合作意願。

主導權的轉換藝術：不是放棄，是策略性讓渡

主導權轉換的核心不是失去掌控，而是設計一種「引導對方參與決策」的對話結構。當顧客覺得自己是這段對話的參與者、共同建構者，而非被動接收者，就更容易產生投入感與擁有感。

舉例來說，與其說「我們提供 ABC 方案，您可以考慮」，不如說「如果我們現在根據剛才提到的問題來設計一個初步方案，您會想從哪個方向優先解決？」讓對方進入「共同設計」的角色，也間接強化他對提案的認同。

這種「主導權讓渡再回收」的節奏，有助於化解顧客對業務的戒心，讓溝通過程更貼近合作關係而非買賣立場。

案例：如何讓沉默變成交利器

這是一家提供中小型企業 ERP 整合方案的公司。業務小任拜訪一家製造商時，發現對方對系統更換有高度排斥。

小任並未急著介紹功能，而是在了解對方當前流程後，只問了一句：「如果流程優化不涉及系統更換，您會想改善哪

第五節　留給對方說話空間：善用沉默與主導權轉換

些部門？」說完後保持靜默，不講話、不催促。

對方經歷約 10 秒沉默後說：「可能是倉庫⋯⋯進出貨那塊最亂。」小任順勢回應：「那我下次準備一個只針對出貨流程的微改善方案，您看看這樣好不好。」

這場會談雖然未成交，卻讓對方留下良好印象。一週後，對方主動邀約做第二次提案，進而展開合作。

結語：空間即是影響力，沉默即是控制力

總結來說，「說」的能力雖重要，但真正成熟的業務高手，往往更懂得「什麼時候不說」。透過設計沉默、讓渡主導權與建構對話空間，讓顧客參與、表達、共創，是現代銷售關係中最重要的軟實力之一。別急著說完，而要學會：有時候沉默，比言語更有力量。

第六節
初訪不成交沒關係：留下伏筆才能再訪

銷售過程中，初次會談未能成交是再自然不過的情況。若業務將「成交」當成唯一目標，往往會在初訪失利後便喪失後續追蹤的動力與策略布局。但事實上，初訪的真正價值不在於能否當下成交，而在於「能否創造再度對話的可能」。要做到這一點，就必須學會設計伏筆。

伏筆在銷售語境中的意思，是指一個未完成、未解決、值得期待或可延伸的議題，使得顧客對接下來的會面產生期待與必要性。這不僅是一種溝通藝術，更是一種銷售心理策略，讓業務的提案不再是單次事件，而是一場分段鋪排的對話旅程。

伏筆不是話術，是策略性「未完成感」

心理學中有一項著名的「蔡加尼克效應」（Zeigarnik Effect），指出人們對未完成的任務或故事會產生更強烈的記憶與心理連結。當業務能在初訪中巧妙設計一個「未完成但有價值」的問題，或留下「下次可進一步探討」的話題，就能延

伸出顧客的後續參與動機。

例如:「我們今天先談到人力配置的部分,下次我想帶一個案例來分享我們怎麼協助其他公司簡化他們的排班流程,您有興趣聽看看嗎?」這樣不僅拉出下一步行動,也創造一個主題期待點,避免互動中斷於此。

有效伏筆的四種設計形式

(1)知識伏筆:留下顧客尚未接觸的資訊,如「這份資料分析我整理好之後下週寄給您,您先看一份摘要會比較有感覺。」

(2)流程伏筆:將方案分階段討論,如「今天我們先討論目標設定,下次針對執行方式細節再談。」

(3)案例伏筆:提出具啟發性的他人成功案例,如「我們有一位客戶背景與您很像,我下次可以分享他的做法。」

(4)關係伏筆:以人際連結延續對話,例如「剛剛提到您主管也關心這個議題,我們下次是否可以邀他一起參與會談?」

這些伏筆的核心不是隨意延後對話,而是為下一次會面鋪路,讓顧客覺得:「這件事還沒講完,我想繼續聽下去。」

第七章　開啟第一次會談：初次拜訪的心理與策略設計

案例：初訪伏筆布局

這間公司專為傳產製造業提供品牌再造與數位轉型服務。業務人員佩珊在拜訪一家五金配件工廠時，發現對方對「品牌 Logo 與包裝設計升級」感到興趣，但對投資報酬率仍存疑。

佩珊並未急於提案，而是展示了一張對照圖，顯示「同產品不同設計包裝下的通路定價差異」，並說：「這只是其中一個數據，我們有一整份報告是針對中小型工廠進行視覺改造後的銷售反應分析，我整理好下週寄給您，若您覺得有參考價值，我們再針對貴公司的包裝開一個小型工作坊。」

這樣的說法讓顧客感到資訊尚未結束、合作有可能性，同時也留下了「等待」與「可預期的專業內容」，強化了再訪的合理性與主動性。

結語：初訪成敗，在於「是否值得再見」

許多頂尖業務在回顧其高轉換客戶歷程時，往往會發現：真正的成交幾乎都不是發生在第一次見面，而是在第二、第三次對話中逐步建立的信任與理解。

因此，與其追求在初訪達陣，不如設計好每一場初訪的「後座力」，讓它能自然延伸出下一次會談的可能。透過策略

第六節　初訪不成交沒關係：留下伏筆才能再訪

性的伏筆設計，顧客的行為不再是單一選擇，而是被巧妙引導的參與式歷程。

若你能讓顧客在初訪結束後，心裡浮現「這個人說的下次我想再聽聽」這樣的想法，那你就已經成功了一半。

初訪不成交沒關係，因為銷售不是一回合的比賽，而是一場長線的心理賽局，懂得鋪路、會留伏筆，才能讓顧客期待下一次見面的價值。

第七章　開啟第一次會談：初次拜訪的心理與策略設計

第八章
再訪提案力：
建立銷售的續航循環

第八章 再訪提案力：建立銷售的續航循環

第一節
再訪的必要性：
顧客從「知道」到「信任」的歷程

在現代銷售環境中，真正促成成交的關鍵，往往不在第一次見面，而是「再訪」的策略。許多研究指出，顧客從認識一位業務、了解一項產品，到最終形成購買決策，至少需要 3～5 次以上的正向接觸經驗（Zoltners, Sinha, & Lorimer, 2006）。因此，再訪不僅是銷售過程的延續，更是從「資訊認知」走向「情感信任」的橋梁。

許多業務常在初訪後失去後續動力，或只做形式上的跟進。這樣的再訪方式不僅無效，甚至可能被顧客視為干擾。若能將再訪視為一項策略性行動，則可有效轉化顧客態度，從「考慮中」邁向「可以合作看看」。

「知道」不等於「信任」：心理轉換的三個階段

再訪的核心目的，是協助顧客完成從知道你（Awareness）、認可你（Acceptance）到信任你（Trust）的轉變。這段過程可分為三個心理階段：

第一節　再訪的必要性：顧客從「知道」到「信任」的歷程

1. 資訊建構階段

顧客尚在蒐集資訊，需要的是清楚、具體、易理解的內容支援。例如產品簡介、案例說明、FAQ 整理等。

2. 關係確認階段

顧客開始關注業務本身的態度與專業，重視回覆速度、是否尊重其需求、對業務員的個人印象等。

3. 信任轉化階段

當顧客發現「你是有能力、且為我著想的人」，信任關係開始形成，願意進入深入對話甚至實驗性合作。

每一次再訪，都應有意識地對應這三個心理階段，才能有效促進顧客關係的深化。

再訪不是「提醒」，是「價值更新」

許多業務將再訪簡化為「打電話提醒是否考慮好了」，這種做法既容易引起顧客反感，也無助於提升對話品質。真正有效的再訪，是一次「附帶新價值」的更新行為。

這些價值可以是：

◆　新的產業動態或政策變化，顧客尚未注意的趨勢消息；
◆　有助其工作的工具、流程或案例分析；

第八章　再訪提案力：建立銷售的續航循環

- 延伸上次討論未解決的問題點，提出新的觀點或方法；
- 或者單純是一句根據上次對話衍生的提醒：「您上次提到採購預算在月底會定案，我這週剛好整理出一份預估效益模型，您有空看看嗎？」

再訪的專業感，來自於你是否真正「記得」對方說過什麼、在意什麼，以及是否能將這些元素轉化為再次接觸的素材與誠意。

案例：人資顧問的三階段再訪布局

顧問小碩第一次拜訪某科技公司人資經理時，發現對方對彈性排班制度頗有興趣，但當下決策仍需跨部門確認。

於是小碩安排以下再訪節奏：

第一次再訪（資訊建構）

寄送一份《臺灣彈性排班制度實施現況與效益報告》，搭配圖表與案例簡析。

第二次再訪（關係確認）

親自拜訪，針對上次提及的部門協調問題，提出三種內部簡化提案模型，並主動詢問：「如果需要，我可以幫您簡化內部簡報用資料，讓您更好向主管報告。」

第三次再訪（信任轉化）

帶來另一家同產業公司導入後的實際成效簡報，並提出試行計畫：「不如我們用一週來跑個試行制度，之後再決定是否正式合作？」

結果該科技公司在第三次會議後拍板定案合作，並延伸成長期顧問關係。

結語：再訪是一場「記憶管理工程」

總結來說，業務的再訪力不僅建立在勤奮，更建立在策略、觀察與記憶管理。是否能準確掌握顧客對話的脈絡與節奏？是否能在再訪中給出「剛好有幫助的內容」？是否能在每一次再見中加深印象、延續信任？這些才是區分一般業務與高績效業務的根本。

從「知道你是誰」，到「相信你幫得了我」，這條路不靠一次會談，而是靠每一次再見的精準設計。再訪的本質，是信任的累積，而信任，才是銷售最穩固的基石。

第八章　再訪提案力：建立銷售的續航循環

> **第二節**
> **關係維繫不是關心天氣：**
> **有策略的持續溝通**

在銷售流程中，初訪與再訪固然重要，但更持久的影響往往來自於兩者之間的「持續溝通」。許多業務習慣在拜訪間隔期間，用「問候天氣」、「節慶祝福」等形式維持聯絡，但這些缺乏內容深度的溝通方式，若沒有策略性安排，反而容易讓顧客覺得流於形式，甚至產生厭倦感。

真正有效的關係維繫，來自於「有意識的互動設計」。也就是說，每一次訊息發送、每一通電話、每一封電子郵件，都應承載某種價值、暗示、觀點或幫助。這不僅讓顧客覺得你是值得保持聯絡的對象，也讓你在不打擾的情況下，持續在對方心中占有一席之地。

從「交誼型互動」邁向「策略型關係設計」

心理學家勞倫斯・斯坦伯格（Laurence Steinberg）指出，人際關係的深化與穩定，關鍵在於互動的頻率與品質。這一點放在業務關係上亦同。

所謂策略型關係設計，應具備以下三大原則：

第二節　關係維繫不是關心天氣：有策略的持續溝通

1. 溝通頻率應隨顧客關係階段調整

剛接觸時可以密集互動以建立熟悉感，進入穩定期後則以「週期性＋事件性」聯絡為主，如每月一次狀態更新，搭配針對產業重大消息的即時提醒。

2. 內容設計應與對方角色與需求對齊

人資主管不關心數位行銷趨勢，採購經理對人資管理系統也不會感興趣。傳遞內容需針對對象背景客製化，否則再頻繁也無效。

3. 訊息應具啟發性與實用性

例如：行業趨勢報導摘要、競品動向提示、經典案例解析，甚至是一本好書的閱讀筆記摘要，都可能成為對話開啟的鑰匙。

溝通不只是「有在聯絡」，而是「讓對方想再聽你說」

在資訊爆炸的年代，業務的溝通若沒有提供獨特見解與實質幫助，便很難在顧客心中留下深刻印象。因此，持續溝通的重點不在頻繁，而在「對準、對話與對味」。

第八章　再訪提案力：建立銷售的續航循環

- ◆ 對準需求：根據對方最近面臨的任務或挑戰主動分享相關內容。
- ◆ 對話機會：訊息不要只是單向「播送」，而應留下互動空間，例如提問「您最近是否也有類似情況？」或「不知這資訊對您是否有幫助？」
- ◆ 對味風格：溝通語調應貼近顧客偏好，有些人偏好嚴謹簡明，有些人則偏好輕鬆親切，應依人而異。

案例：三軌溝通模型

這家公司為中小企業提供商業策略與財務診斷服務。業務顧問家瑋在成功拜訪一位連鎖餐飲品牌創辦人後，進入長期溝通階段。

他採用三軌內容維繫模型：

1. 行業脈動通報軌

每月寄送一次以該產業為主的市場簡報摘要。

2. 個案觸發交流軌

只要媒體報導出現競業品牌成功行銷案例，立刻私訊對方：「這品牌最近操作引起話題，我覺得對您也很有啟發性。」

3. 節點提醒策略軌

根據之前談話紀錄，在對方提到「Q2 有拓點計畫」時，於 Q1 結束時主動來訊：「拓點規劃如果需要外部財務模擬，我們這邊可以提供簡易模型草稿。」

透過這種具備節奏、方向與實用性的溝通模式，家瑋成功與該顧客維持將近一年以上的穩定互動，最終於對方擴張第二間分店時，成為主要策略顧問。

結語：關係的厚度，來自訊息的溫度與設計

總結來說，維繫關係不應只是「保持聯絡」，而是要能設計一種有意義、有層次、有節奏的溝通架構。這樣的關係不是靠問候天氣建立，而是靠內容品質與互動設計塑造。

在業務的世界裡，會說話不是本事，讓人「想再聽你說」才是關鍵。策略性溝通讓你從眾多業務中脫穎而出，也讓顧客在面臨選擇時，自然想到你。

■第八章 再訪提案力：建立銷售的續航循環

第三節
用內容打開對話：
電子報、私訊與簡訊行銷

內容是當代銷售中最具說服力的資產。它不只是知識的載體，更是建立品牌信任與對話機會的橋梁。電子報、私訊與簡訊，若能以「內容驅動」的邏輯設計，就不再只是通知工具，而是能夠主動打開顧客對話大門的引子。

根據內容行銷學者喬・皮里齊（Joe Pulizzi）的觀察，有價值的內容會比單純銷售話術更容易產生顧客信任，且更能驅動主動回應與互動（Pulizzi, 2014）。這也意味著，業務人員若能善用這三種數位媒介，精準發送個性化且具有延伸性的內容，便能在沒有見面時也維持高度互動與關係黏著。

三種媒介的角色與應用差異

1. 電子報（Email Newsletter）

適合定期更新、系統性知識傳遞與專業形象建立。建議週期為每月1～2次，內容可包括行業趨勢、常見問題解析、顧客故事與應用案例。

2. 私訊（Messenger / LINE）

偏即時互動，適合針對顧客個別行為或近期關心議題進行回應。內容以圖文、語音或連結為主，語調應自然貼近，避免制式化。

3. 簡訊（SMS）

適合傳遞關鍵時點的提醒與限時訊息，例如促銷截止、預約時間確認、報名提醒等。字數受限，需言簡意賅且有行動號召。

這三種工具若能搭配使用，就能形成「長內容養信任、中內容促互動、短內容推行動」的策略組合。

內容的三層設計原則

（1）資訊價值層：提供顧客尚未得知的洞察，如產業變動、小型政策影響、市場觀察等。

（2）情境共鳴層：連結顧客當下可能遇到的問題與挑戰，例如：「年終檢討季如何讓內部簡報更有說服力？」

（3）行動導引層：提供可即刻採取的微行動，如「下載我們的提案模板」、「預約免費評估時間」、「回覆本訊息獲得白皮書 PDF」。

第八章　再訪提案力：建立銷售的續航循環

當這三層並存於一段訊息或內容中，顧客就能從中感受到「資訊有用、話語貼心、行動可行」，自然願意點擊、回覆甚至主動回撥。

案例：內容行銷法

業務代表祐誠希望與一位連鎖服飾品牌經理保持互動關係，雖然對方一直未主動回應。

祐誠改變策略，採用三段內容行銷法：

1. 電子報寄送

每月一封，內容為「三分鐘讀完本月服飾零售數據摘要」，搭配兩則精選趨勢圖表與一則海外品牌案例。

2. LINE 私訊互動

觀察對方在社群曾轉發一篇「永續布料」新聞，便傳送一篇內部編譯報導：「看到您對這議題有興趣，我們最近剛整理這份日本品牌案例摘要，覺得可能對您部門有參考價值。」

3. 簡訊提醒

在季末前夕發送：「下週我們更新了春季市場調查，想優先分享給您，有空我直接寄 PDF 給您參考好嗎？」

結果在第三次簡訊後，該經理主動回覆，表達願意安排

短會議了解其觀察與建議。這個案例說明，當內容精準對接顧客興趣與任務時，即使在冷場中也有機會重新點燃互動火苗。

結語：內容不是廣告，而是關係的建構素材

總結來說，電子報、私訊與簡訊這三種工具，不應只是銷售通知的載體，而應是價值與互動的觸媒。內容的設計重點不在量，而在質；不在於你想說什麼，而是對方想知道什麼。

當你透過每一封信、每一句話、每一次提醒，讓顧客感受到「你理解他，且能幫上他」，你就不再只是業務，而是一個值得信賴的資源供應者。

第四節
面對拖延型客戶的回應策略

在業務實務中,有一類顧客既不明確拒絕,也遲遲不決定,這類「拖延型客戶」讓不少業務人員感到頭痛。他們常以「再看看」、「這陣子忙」、「改天再說」作為回應,既不關門拒絕,也不讓你往前推進。面對這樣的情境,若採取強勢推銷,容易造成反感;若完全不動,又會失去節奏與掌控權。因此,設計出一套面對拖延型顧客的回應策略,是進階業務必修的能力。

心理學家利昂·費斯廷格(Leon Festinger)提出「認知失調理論」,指出人們在面對選擇與行動不一致時會產生心理不適,進而傾向避免行動。拖延型客戶多半即處於這樣的心理矛盾中——想改變,但怕錯誤;想採購,但憂預算。因此,我們的任務,不是說服,而是幫助他解開這種內在張力。

拖延的三種心理機制

(1)風險焦慮:顧客擔心做出錯誤選擇,會帶來後果或責任,特別是在採購、策略決策等位置。

(2)資訊過載：面對過多資訊而無法做出比較與判斷，導致延後行動以拖待變。

(3)時間掩護：用「再觀察一陣子」來掩飾實際的決策遲疑，避免正面承擔立場。

理解這些心理後，業務人員就能針對性設計應對方式，不是催促，而是拆解拖延的原因。

四步策略：化被動為主動

界定階段，明確定位：用問題了解顧客目前的狀態，例如：「目前看起來是還在評估選項，還是有內部流程尚未完成？」這能讓顧客將抽象的拖延具象化。

1. 降低決策壓力

給予試用、體驗、分段實施的建議，例如：「我們可以先從一個部門試行，等有成果後再擴大。」讓顧客覺得「不是一口吃下整個風險」。

2. 設定期限與預期

引導顧客自行定義時程：「您覺得這議題我們是否可以以月底為一個討論節點？」這讓拖延轉為具體行動安排。

3. 補給行動信心

分享他人成功案例與數據，用社會認同降低顧客風險感：「我們有客戶也是在觀望三個月後才決定導入，結果半年內績效提高 20%。」

案例：轉化猶豫顧客

這間公司主打 B2B 雲端倉儲管理系統。業務代表冠宇面對一家長期「有興趣但一直沒動作」的中型物流業者。

冠宇先發出一封內容為：「倉儲出貨季將近，是否有興趣看看我們近期為 ×× 物流客戶設計的『高峰期自動化模組』？」引出實用動機後，他安排線上會議時明言：「今天不談整體導入，只想讓您看看三個模組中哪個最適合當作第一步。」

對方表示感興趣，卻仍未立即決定。冠宇緊接著發出一張「試行流程甘特圖」，並說：「若下週前確認試行，可在四月底前完成部署，趕上出貨高峰。」這張時間表成功讓顧客感受到時效壓力與行動可行性，最終在五天內回覆簽署試行同意。

第四節　面對拖延型客戶的回應策略

結語：拖延的背後不是冷淡，而是未解的顧慮

總結來說，拖延型客戶不是不想合作，而是尚未跨過心理門檻。業務應從理解顧客心理入手，拆解顧慮、設計小步驟、給予他人經驗、創造行動時點，讓顧客覺得行動是自然、可控且值得的。

每一位拖延者的背後，其實都是尚未被打開的合作機會。掌握節奏，不焦躁、不放棄，你會發現，當顧客說「我再看看」，其實是給你「我在等你」的暗號。

■|第八章　再訪提案力：建立銷售的續航循環

> 第五節
> 有禮拜訪：
> 如何用「小物行銷」強化印象

在面對高度競爭的市場與資訊氾濫的環境下，顧客對業務人員的來訪往往感到疲乏。如何在短時間內打開對話氛圍、讓對方願意多看你一眼、多聽你一句話，是現代業務人員不得不面對的挑戰。而其中一個簡單卻常被忽略的有效策略，就是「有禮拜訪」。

所謂「有禮」，並不是送昂貴禮品，而是透過設計過的「小物行銷」，讓顧客在你拜訪的當下與之後，仍能留下記憶與好感。這些小物可能是一張手寫卡片、一份實用文具、一份小巧便條本、或一款專屬小點心，但重點在於它是否具備「代表性、連結性與續航力」。

小物行銷的心理學基礎：互惠原則

社會心理學家羅伯特‧席爾迪尼（Robert Cialdini）提出「互惠原則」（Reciprocity Principle），指出人們傾向於回報他人的好意，即使這份好意十分微小，也會在人際互動中產生潛在影響力。這說明：當顧客在初次會談中收到一份小物，他可

第五節　有禮拜訪：如何用「小物行銷」強化印象

能不會當場做出承諾，但心中對這位業務產生的「正向印象分數」將明顯提高。

設計「小物」的三個關鍵條件

1. 實用性與生活連結

例如：客戶是辦公室主管，可送磁性記事夾、筆筒、桌曆；若為外勤業者，可贈送口袋筆記本、小風扇等。

2. 品牌連結性

物品上不只是印上 Logo，更要強化品牌故事，例如附上一張品牌理念小卡：「我們相信工作可以更省力，這個小物也是這樣被設計出來的。」

3. 個人化與限量感

若能在贈品中加入對顧客的名字、公司簡稱、客製包裝，或以「限量 50 組」為號召，都能提升心理認同感與稀缺價值。

案例：有禮拜訪策略

業務專員子祐前往一家科技新創公司初訪，並未攜帶厚重簡報，而是帶了一本印有「我不亂說話，但我很會聽」標語

第八章 再訪提案力：建立銷售的續航循環

的萬用筆記本，附上一張手寫字條：「每位顧問的起點都是一場傾聽，謝謝今天讓我多了解你們的營運風格。」

對方負責人原本預計只見 10 分鐘，因這份禮物與話語而主動延長為半小時會談。會後三週內，該公司主動聯絡要求進一步流程診斷報告。這是一個典型「小物撬開大門」的例證。

小物不是目的，是情境引子的設計

很多業務人員誤解小物就是「行銷預算配給的消耗品」，隨手發、隨處放。但事實上，有策略的小物設計應該：

- ◆ 搭配特定拜訪話題，例如：談生產效率送「時間管理沙漏」；談員工動機送「為你加油貼紙」。
- ◆ 搭配季節或節慶情境，例如：冬天送暖暖包、春節送紅包袋、年中送補給包。
- ◆ 搭配內容行銷素材，例如：送一本公司出品的「案例故事手冊」、電子報 QR 碼卡片等。

第五節　有禮拜訪：如何用「小物行銷」強化印象

結語：
小物的價值，在於「心占率」而非「物價值」

　　總結來說，有禮拜訪的關鍵不在於送多貴的東西，而在於「是否貼心」、「是否對味」、「是否能延續對話」。一份設計得宜的小物，是你進入顧客心中的敲門磚，是你在顧客辦公桌上留下一席之地的理由。

　　在這個講究效率的世界裡，慢一點、用心一點、說得少但留下深刻，就是成功拜訪的祕訣。

■第八章　再訪提案力：建立銷售的續航循環

第六節
如何讓「下一次見面」變成自然而然

在銷售過程中，最具挑戰性的往往不是第一次會面，而是如何讓「下一次見面」自然而然地發生。很多業務在初訪或再訪後感覺對話愉快，卻始終等不到對方主動邀約或回覆進一步會談。這背後的問題，並不在於顧客是否有需求，而是你是否為「下一次」創造了足夠合理與期待的理由，讓對方覺得主動安排是「應該的」，甚至是「想要的」。

心理學中的「預期理論」（Prospect Theory）由丹尼爾・康納曼（Daniel Kahneman）與阿摩司・特沃斯基（Amos Tversky）提出，指出人類在做選擇時會根據對未來的預期與情境情緒來判斷是否採取行動。若下一次會面無預期、無動機、無焦點，顧客自然不會主動安排。因此，讓「再見面」看似自然，其實需要刻意經營與鋪陳。

三步驟鋪陳讓對方自然想「再見一面」

1. 設計期待感：「我還有一個東西下次可以再跟您分享」

顧客對內容的期待，是驅動再互動的動力。結束會面時可預留有價值的素材，如：「我最近整理了一份趨勢觀察，下

次想讓您看看裡面與您公司高度相關的幾項變化。」這樣的語句既輕巧又具有引導性，能讓對方下意識期待下一步的互動內容。

2. 設定輕目標：「下次見面我們可以聚焦在……」

明確的會談焦點讓顧客不會感到負擔。例如：「我們下次就針對成本分析那一塊深入點聊，不花您太多時間，大概30分鐘就能初步討論。」這種語言策略降低了顧客心理上的抗拒，也更容易獲得具體回應。

3. 延續上次線索：「您提到……那部分我有點子，下次一起聊聊」

利用對方上次談話中的細節延續情感連結，讓對方感覺你有在聽，也在思考如何幫他進一步解決問題，這種延續性讓「再會」看起來不是續攤，而是本來就安排好的進程。

情境策略：讓再見面變得有感與有據

除了語言鋪陳，也可以搭配情境策略讓再訪看起來更自然：

第八章 再訪提案力：建立銷售的續航循環

1. 活動邀約法

像是「我們公司下週有個產業說明會，我覺得內容很切合您上次提到的那個困難，若您有空，我保留名額給您。」這種語句不僅給出邀請，也賦予對方「被選中」的心理感受。

2. 里程碑推進法

例如：「上次討論完的 A 方案，我這週剛完成初步評估草稿，下次我們就進入提案細節好嗎？」這是讓再見面具體化最有效的方式之一，讓顧客清楚「為什麼要再見」、「見面要談什麼」。

3. 共創任務法

安排簡單小任務需要對方參與，如：「我設計了一份簡單問卷，希望下次您能一起幫忙優化，讓這方案更接近實際需求。」這種方式能把對方從旁觀者變成參與者，強化其行動動機。

此外，也可以利用「時間節點法」，如月初回顧、月中調整、月末優化等節奏，讓對方覺得下一次會面是業務流程的自然節奏，而非突兀邀約。

案例：如何讓再見面變成自然流程

這是一間為中型企業提供稅務與資金規劃的顧問公司。顧問瑋庭拜訪某家食品公司財務長後，對方對資金運用方式感興趣，但並未當場安排下一次會議。

瑋庭在會後寄出一封簡報摘要，內容中提到：「上次您有提到對應收帳款的最佳化很感興趣，我這週剛好完成另一家類似產業的對照分析，下週方便跟您分享嗎？10分鐘即可。」

財務長因內容貼近需求又無太大負擔，答應會面。第二次會談後，瑋庭安排一張階段提案藍圖，表示：「若您願意，我們可依這步驟分三次討論，幫您每階段量化效益。」

在第三次會面中，瑋庭更進一步根據前兩次回饋內容，設計了一份「自我評估工具」，讓對方能在不經第三方協助下評估資金配置風險。這樣的舉動讓財務長深感顧問的專業與貼心，最終不僅配合後續所有行程，還在半年後推薦瑋庭給其供應鏈合作廠商，成功建立長期顧問關係。

結語：結束，不該是沉默，而是節點轉場

總結來說，會談的結束從不是「告別」，而是「過渡」。若能設計對話的出口與伏筆，讓顧客感覺下一次是自然延伸、是合作進程、是有趣互動，那麼「我們下次再聊」將不再只是

第八章　再訪提案力：建立銷售的續航循環

場面話,而是轉化為一次具體的、可安排的行動意願。

成功的業務不是說服,而是設計——設計對話節奏、設計互動機會、設計心理預期,最重要的,是設計一段會讓人期待再次出現的關係。從一次會面走向三次,從三次合作發展為長期信任,這一切的關鍵,不是業績話術,而是你是否用心讓「下一次」成為水到渠成的那一步。

第九章
拒絕是進場訊號：
轉念、應對與進一步挖掘

第九章　拒絕是進場訊號：轉念、應對與進一步挖掘

> **第一節**
> **客戶說「不要」並不是真的不要**

在業務現場，「不要」可能是最常聽見卻最容易誤解的字眼。當顧客說出這句話時，許多業務人員會立刻將之視為結束信號，隨之放棄、退出或歸檔。但事實上，「不要」並不總是拒絕的最終定論，它很可能只是顧客在不確定、不了解或暫時無法承諾時的一種防衛機制。

心理學家威廉‧詹姆斯（William James）曾說過：「人類本質上會抗拒改變，除非他們看見改變帶來的好處遠超過不變所能維持的安全感。」也就是說，顧客說「不要」的背後，可能並不是對產品、服務或業務本身的不信任，而是源於心理上對「未知改變」的保留。

本章將聚焦在如何解讀拒絕語句、辨識顧客背後的潛臺詞，並透過結構化回應模式與心理鋪陳技巧，把一次拒絕轉化為下一次對話的起點。

第一節　客戶說「不要」並不是真的不要

「不要」的四種可能含義：表面話語下的深層訊號

1. 還沒準備好

顧客在說「不要」時，其實可能是說「我需要更多時間與資訊才能做決定」。這類顧客不抗拒合作，只是尚未進入決策節奏。

2. 對價值尚未感知

「不要」有時代表「我還看不出你這東西的價值在哪」。這代表業務尚未有效傳遞產品的具體效益與情境連結。

3. 對你尚未建立信任

「不是不要，是還不敢要」。在關係尚未建立之前，顧客的防備心常會以拒絕為表現方式。

4. 想拒絕但說不出口

這類情況較棘手，顧客已確定無意願合作，但基於禮貌或顧慮，不直接說明原因。此時需要透過提問技巧進行判斷與釐清。

拒絕是關係的測驗點，不是對話的終點

優秀的業務懂得在被拒絕時不急著反駁，而是將「不要」視為「還沒說好」的訊號，進而問自己三個問題：

第九章　拒絕是進場訊號：轉念、應對與進一步挖掘

- ◆ 顧客是拒絕什麼？（產品本身、時機、價格、自己）
- ◆ 顧客是否真正了解我在說什麼？
- ◆ 顧客是否覺得被理解？

當你從這三個問題出發，便能將「不要」拆解為具體元素，開始展開具策略性的應對設計。

案例：科技公司的逆轉開場

這是一間主打智慧監控系統的科技公司，業務代表庭維拜訪一家物流公司資安主管時，對方一聽完簡介便說：「我們目前沒有這方面的需求，應該不需要。」

庭維沒有急著推薦，而是說：「謝謝您的坦白，可否請教一句，這是因為系統目前運作穩定？還是曾考慮過但暫時沒列優先？」

對方愣了一下後回答：「其實是系統目前剛換過，我們想先觀察一陣子再評估。」庭維立刻回應：「了解，這樣我們也不用急。這段時間我們剛好觀察幾家剛換系統的企業如何建立異常事件預警機制，等您覺得有需要時我再整理報告給您參考，會比較有脈絡。」

兩週後，該主管主動來電詢問是否能分享該報告，雙方關係也因此開始啟動。

第一節　客戶說「不要」並不是真的不要

　　這個案例說明，拒絕往往是一種尚未熟悉或尚未準備好的保留，而非明確終止；真正關鍵在於你有沒有繼續「聽懂」對方的意思，並不急著用「說服」來處理拒絕。

第九章　拒絕是進場訊號：轉念、應對與進一步挖掘

第二節
拒絕的背後心理：
五種常見隱藏訊號解析

在客戶溝通中，拒絕從來不是單一行為，它更像是一個信號系統。若業務人員只把「拒絕」當成結束，那麼對話也就真的到此為止。但若能進一步辨識出拒絕背後的情緒、態度與心理動機，那麼這句「不要」反而會成為進一步理解顧客真實想法的起點。

根據美國行為心理學家亞伯・艾里斯（Albert Ellis）的理論，人類的行為決策常受到「ABC 理論」影響，也就是：Activating Event（觸發事件）、Belief（信念）、Consequence（結果）。套用在拒絕行為上，客戶的拒絕（結果）往往來自於某種內在信念，而非單純來自於你說了什麼。因此，辨識出這些內在信念所造成的「隱藏訊號」，將成為業務員的洞察力關鍵。

第二節　拒絕的背後心理：五種常見隱藏訊號解析

常見五種拒絕背後的隱藏心理訊號

1. 我怕被你說服，所以先說不
這類顧客表面強硬，但內心其實知道你可能提出有吸引力的方案，因此先封鎖可能的說服空間。他們可能曾在過去經驗中被誤導或購買後後悔，因此採取預設防禦心態。

2. 我怕答應後壓力變大
某些拒絕源於「一旦點頭，就怕有連鎖反應」，例如需向上報告、牽涉跨部門配合、產生新任務等。此時的「不要」，其實是「我怕麻煩」的替代語。

3. 我聽不懂你在說什麼，但又不好意思問
這是知識不對稱常見的場景，顧客處於資訊劣勢，卻又怕承認自己不了解，於是選擇拒絕以避免進一步尷尬。

4. 我覺得你不了解我，所以我也不想理解你
若業務未能展現出對顧客情境的理解，顧客會覺得這場對話與他無關。這種拒絕是「關係型防衛」，反映在語氣冷淡、眼神疏離、無延伸對話意圖。

5. 我其實不討厭你的提案，但我想測試你的耐心
這是具談判心理策略的顧客，有意用拒絕來試探業務的反應與後續跟進品質，特別常出現在具議價權的客戶手上。

第九章 拒絕是進場訊號：轉念、應對與進一步挖掘

辨識拒絕訊號的三項技術

1. 語調分析

觀察對方說「不要」時的語氣，是緊張、敷衍還是斷然。語氣中的情緒溫度是辨識拒絕動機的第一線索。

2. 回應延遲時間

若對方回答前有短暫停頓，代表可能心中正在衡量或不願直接表達真因，這是進一步探索的切入口。

3. 非語言線索

如眼神迴避、肢體後縮、雙手交叉，皆可能顯示心理防衛或不信任。反之，若說「不要」時仍有微笑、點頭，可能只是出於策略考量或階段性延遲。

案例：五種訊號辨識術

顧問靖文拜訪一家製造業老闆，提出精實流程導入提案時，對方連連搖手說：「我們這系統已經跑很順，不想再調整。」

靖文並未立即退場，而是說：「我理解每間公司都有既有節奏，通常我們協助的企業反而是『目前看起來還行』的情況，我能冒昧請教，過去流程優化時是否曾有不愉快的經驗？」

對方聽完沉默了一會兒後說:「其實兩年前有請一家公司來弄,結果搞得大家都很反感。」靖文回應:「謝謝您的坦白,這也是我們為何從流程外部文化切入,不會硬推導入模組的原因。下次若您方便,我可以簡單說明我們怎麼避免這種內部反彈。」

這段對話中,靖文辨識出「看似拒絕其實是防衛」的隱藏訊號,透過語氣與延遲反應的判讀,找出顧客的心理顧慮,進而設計出對應對話。

結語:
拒絕,是心理防線的起點,不是商機的終點

總結來說,拒絕並不可怕,可怕的是把拒絕當作句點。真正優秀的業務懂得「讀懂語言底下的心理訊息」,進而用提問、共感與延伸對話建立下一步的信任連結。

下一次,當你聽到「不用了,謝謝」,請不要急著結束,請開始問:「你是怕這個會太麻煩,還是過去有過不好的經驗?」那可能是你真正接近顧客的開始。

■ 第九章　拒絕是進場訊號：轉念、應對與進一步挖掘

第三節　回應異議的三種應對模型（CRC、LAER、FUF）

在業務過程中，異議幾乎無可避免。無論產品再好、服務再完善，顧客總會有疑問、顧慮甚至抗拒的時刻。許多業務人員的直覺反應是立刻提出解釋、證明產品的價值或反駁顧客的說法。然而，這種「反應式應對」的結果，往往是在無意中升高對立氣氛，讓顧客更加退縮甚至中止對話。

實際上，異議應被視為一種「參與訊號」，代表顧客願意對你的提案投入更多思考，只是尚未準備接受。這時候若能適當引導對話，不僅有助於化解當前的顧慮，更能為後續的成交創造契機。

為此，我們可以運用三個業務訓練中常見的回應模型——CRC、LAER、FUF。這三種模型幫助我們用結構化方式回應顧客異議，不僅能降低情緒張力，更能強化對話深度與信任感。

第三節　回應異議的三種應對模型（CRC、LAER、FUF）

CRC 模型：Clarify（釐清）－ Respond（回應）－ Confirm（確認）

CRC 模型是應對「資訊不對稱」與「理解落差」類型異議的經典架構，尤其適用於第一次會談或產品尚未完整介紹的情境。

1. Clarify（釐清）

面對異議時，首要任務不是急著回應，而是先理解對方的問題點是否正確。例如：「我想確認一下，您是擔心這套系統的操作流程太繁瑣，還是會額外增加維護成本？」這樣不僅展現你的聆聽力，也讓對方有機會釐清自身想法。

2. Respond（回應）

針對前一階段明確釐清的內容，給予專業、有邏輯的回應。此時可以搭配案例、數據或第三方見證來加強說服力，避免空泛保證。

3. Confirm（確認）

完成回應後，要再次確認對方的疑問是否已獲得解答。「這樣的說明有幫助嗎？是否還有其他擔心的地方我們可以一起看一下？」這樣的問句建立起雙向溝通的節奏，也為下一步打開空間。

第九章 拒絕是進場訊號：轉念、應對與進一步挖掘

CRC 雖簡潔，但實務應用中常被忽略，尤其是釐清與確認階段的品質往往決定回應是否有效。

LAER 模型：Listen（傾聽）— Acknowledge（認同）— Explore（探詢）— Respond（回應）

當顧客的異議不只是資訊問題，而是摻雜情緒、立場或過往經驗時，LAER 是一個特別有效的模型。它強調「理解先於說明」，適合用於面對高壓情緒或價值觀偏差的溝通情境。

1. Listen（傾聽）

真正的傾聽不只是聽到字面上的話，而是察覺語氣、情緒與背後的潛在訊息。此階段應避免打斷對方發言，讓其有充分表達空間。

2. Acknowledge（認同）

認同對方的感受而非立場，例如：「我能理解這樣的顧慮對您來說很實際，畢竟每個決策都會影響整體運作。」這樣能減低顧客防衛心，建立心理安全感。

3. Explore（探詢）

在情緒稍微緩和後，深入挖掘對方顧慮背後的動機或事件。「您會這樣擔心，是之前導入過其他系統遇到困難嗎？」這樣的探問比直接回答更能找出真正的問題根源。

4. Respond（回應）

根據探詢階段取得的資訊，做出貼近現況、有同理心的回應。此時可以搭配情境模擬或故事說服，幫助對方建構心理圖像。

LAER 模型的強大之處，在於它不是對抗，而是轉化。許多原本準備「說 NO」的顧客，在這樣的互動中轉而敞開心房，重啟對話。

FUF 模型：
Feel（感受）－ Felt（同理）－ Found（發現）

FUF 是一種故事型說服技巧，透過「感受—共感—發現」的邏輯，協助顧客從自己的顧慮走進他人的成功經驗，間接引導其轉換觀點。

1. Feel（感受）

先肯定顧客的情緒，例如：「我明白您現在對價格有所顧慮，這很正常。」這是建立同理心的第一步。

2. Felt（同理）

說出其他顧客也有過相似顧慮，「其實有不少企業一開始也擔心導入後不見得馬上見效。」這種說法讓對方知道「我不是唯一一個這樣想的人」。

3. Found（發現）

接著引導到轉變的經驗，例如：「但他們後來發現，當流程優化後不只降低人力壓力，也提升整體準確度，反而更快回收投資。」這樣的說法給予顧客具體可見的希望與邏輯推進。

FUF 特別適合用於初階顧客、觀望型顧客或情感取向強的對象，也常用於電話銷售與簡報中作為橋段語。

模型的選擇與融合應用

上述三種模型，各有其適用時機與心理架構，但實際應用上，常常需要靈活運用與交錯搭配。例如：在一場顧客異議濃厚的會議中，業務可能先用 LAER 緩和情緒，再用 CRC 釐清具體問題，最後用 FUF 作情境補充與價值強化。

此外，也建議業務在日常練習中，把這些模型轉化為「思考方式」而非死板的腳本。唯有真正內化，才能在真實對話中運用自如。

結語：異議，是一次重新理解顧客的機會

總結來說，異議不是敵人，而是機會。它讓我們重新回顧提案是否真正貼近顧客的需求、語言是否傳達清楚、關係

第三節　回應異議的三種應對模型（CRC、LAER、FUF）

是否足夠緊密。CRC、LAER、FUF 三大模型就像是三把工具，幫助我們在不同場景下調整語氣、策略與介入深度。

面對異議時，請不要急著回應。先慢下來，聽懂對方的顧慮，理解後再回應。唯有這樣，你說的每一句話，才真正有機會說進顧客心裡。

第九章　拒絕是進場訊號：轉念、應對與進一步挖掘

第四節
拒絕處理話術設計：
從故事說服到情緒調和

「話術」這個詞，在許多顧客心中可能帶有負面聯想，彷彿是業務為了推銷而準備的套路。然而，真正有影響力的話術設計，並非為了操縱顧客情緒，而是透過更有結構與共感的語言，讓對話變得順暢、有邏輯，並引導顧客進入開放心態。特別是在面對拒絕時，適當的話術不是說服，而是打開對話的下一扇門。

心理學家傑羅姆・布魯納 (Jerome Bruner) 指出，人類理解世界最主要的兩種模式是邏輯—科學式 (logico-scientific) 與敘事—故事式 (narrative) 理解。後者尤其在說服與改變信念方面更具潛移默化的力量。這表示，若能設計結構化的說服話語與具情感共鳴的敘事語境，將比單純的數據更能引起顧客共鳴。

第四節　拒絕處理話術設計：從故事說服到情緒調和

拒絕處理話術的三大原則

1. 從「我說」轉為「你感覺」

與其解釋產品多好，不如對顧客說：「如果您希望流程更簡化，這方案可能值得一看。」將主詞轉為「您」與「流程」，讓顧客置身於情境中。

2. 情境導入比條列優勢更有效

不要直接說「這系統能降低 30% 人力成本」，改說「我們有客戶在第一季導入後，發現員工週報填寫時間從 90 分鐘降到 30 分鐘，員工甚至開始主動建議改善欄位設計。」

3. 情緒回應先於邏輯解釋

顧客若情緒激動或強烈表達不滿，先說「我完全理解您的顧慮，這種狀況換成是我，我可能也會有一樣的反應」再進入後續說明，能降低防衛心。

故事式說服模板設計

(1) 情境設定：「去年我們接觸一家服飾零售品牌，他們當時有類似狀況⋯⋯」

(2) 衝突引入：「他們在面對會員流失問題時嘗試了三個方法，但效果都不佳。」

第九章　拒絕是進場訊號：轉念、應對與進一步挖掘

(3) 轉折洞見：「後來他們透過我們提供的顧客行為分析模型，發現其實不是折扣問題，而是入會流程太複雜。」

(4) 成果展現：「優化之後，三個月內活躍會員回升 12%，平均回購間隔縮短一週。」

這種模式讓顧客可以「看到未來的自己」，不僅消除拒絕，更將「改變」內化為「自己做出的選擇」。

案例：用故事打動猶豫顧客

這家公司專門開發智慧營運排程工具。業務專員品萱在面對一位連鎖餐飲品牌營運主管時，對方回應：「我們系統雖然老舊，但還是可以用，暫時沒打算換。」

品萱沒有立即介紹產品，而是說：「您這樣讓我想到我們另一位客戶，他們以前也說系統雖然舊但還能撐，直到去年七月那場大雨，分店排班混亂導致主管三天內要跑七間店協調。那次之後，他們才決定升級，而最讓他們驚訝的是：新系統其實不是取代，而是協助現場主管多省一層壓力。」

這段話中，品萱沒有否定對方選擇，而是透過敘事讓顧客自行推理，從「我們不需要」轉為「或許可以理解為什麼別人升級了」。

第四節　拒絕處理話術設計：從故事說服到情緒調和

情緒調和技術搭配話術的應用

（1）語速控制：遇到情緒高漲或質疑強烈的顧客，業務應刻意放慢語速並使用下沉語調，讓場面降溫。

（2）語言鏡像：重複顧客剛才的關鍵詞彙，如「我聽到您對風險這件事特別敏感，這真的很重要」展現理解。

（3）停頓時間的運用：在關鍵句落下後稍微停頓三秒，給顧客心理吸收與反思的空間，也讓話術更具重量。

這些情緒調和技巧結合故事說服，不僅能讓對話變得更順暢，也能協助顧客從「拒絕」慢慢走向「再考慮看看」。

結語：話術不是套路，是讓顧客感覺「你說到我心裡了」

總結來說，處理拒絕不是話術的對決，而是故事與同理的對話。當業務能以情緒理解為起點，以故事建構為引子，再搭配策略性的語言節奏，就能將「話術」轉化為「信任感」的催化劑。

請記住，話語的力量從來不在於你說得多厲害，而在於對方聽完之後，是否願意繼續聽你下一句。

第九章　拒絕是進場訊號：轉念、應對與進一步挖掘

第五節
用例子、數據、比喻強化信任連結

當顧客在猶豫、觀望或明確表達拒絕時，業務人員若僅憑產品規格與價目表溝通，往往無法有效打動對方。這是因為，在顧客的內心劇場中，任何決策都伴隨風險評估與信任建構。此時，能否提供「具體可見、邏輯合理、情緒可感」的佐證素材，就成為關鍵。

心理學家理察·佩蒂（Richard E. Petty）在其「可能性路徑理論」（Elaboration Likelihood Model）中指出：說服行為可分為兩條路徑，一為中央路徑（以邏輯與資訊為核心），一為周邊路徑（以情境與情緒為主）。而業務溝通若能融合數據、例子與比喻，便能同時滿足理性與感性的雙軌說服條件，大幅提升顧客認同與信任感。

三類工具，三重信任引擎

1. 例子：讓人相信「你不是第一個」

提供類似產業、同類規模、相似問題的真實案例。尤其若能說明客戶最初的顧慮與最終的結果，顧客便能投射自我情境，降低決策壓力。

話術範例:「我們協助過一間機械零件工廠,當初他們也認為流程沒問題,後來導入後發現光是庫存週轉天數就從 43 天下降到 26 天。」

2. 數據:讓人覺得「這不是憑感覺」

數據可傳達量化成果、風險控制與投資報酬預測,具備邏輯說服力。建議搭配圖表或趨勢比較,提升理解與視覺記憶。

話術範例:「這三個月我們追蹤導入客戶平均滿意度調查,回覆率達 89%,其中有 78% 回應表示第二次訂單決策時間縮短約 40%。」

3. 比喻:讓人產生「原來這麼簡單」的理解感

適合應對資訊複雜、產品機制難以說明的情境。好比喻能快速架構顧客的理解模型,轉化抽象為具體。

話術範例:「這套流程設計的邏輯,就像高速公路加了匝道出口,不是讓你走更慢,而是讓車流更順、意外更少。」

案例:用三種方式消除距離感

業務人員柏諺面對一位態度保留的老闆,起初提出改善建議時,對方只回「這我們做了十幾年沒什麼問題」。

柏諺沒有急著反駁,而是說:

第九章　拒絕是進場訊號：轉念、應對與進一步挖掘

　　「我們最近服務的另一家模具廠，和您一樣是 30 年老牌，當初也是抱持觀望，但導入後他們發現光是報廢率就降低了 8%。」（例子）

　　「這是我們針對 23 家中型製造廠導入一年後的回報統計，平均每月返工工時減少 31.2%，我幫您標示這與您類似規模的公司數字，您看看是否接近您現在的狀況。」（數據）

　　「我們的方法不會動您的根本設計，就像把原有的車道重新劃線，讓每臺車知道該走哪條，減少事故和堵塞。」（比喻）

　　三重話術結合之下，這位老闆不僅點頭回應，還主動表示想了解「那間模具廠」怎麼做的，成功轉換原本封閉的對話氛圍。

結語：
「有憑有據、有話可感、有例可學」才叫說服力

　　總結來說，當顧客呈現拒絕傾向時，不要急著重複商品優勢，而應善用「例子＋數據＋比喻」三元素設計回應內容。這些回應不只是文字，而是說服的「錨點」與「情感支架」，幫助顧客從猶豫轉向信任，從防備走向對話。

　　請記住：對話若只靠說明，是業務；能說進顧客內心的，是顧問。當你能用「比他自己都清楚」的方式說出他的困擾與可能解法，成交便不再是推，而是自然的選擇。

第六節　拒絕只是過程，不是結果

在銷售對話中，拒絕並不是終點，而是一種階段性表現。在客戶旅程的不同階段，顧客可能因各種情境、心態與外在條件的影響，而做出暫時性的拒絕反應。許多業務之所以無法走到成交，往往不是因為對方真的「不要」，而是錯將「還沒準備好」誤認為「永遠不會要」。

心理學家卡蘿‧杜維克（Carol Dweck）提出「成長型心態」理論（Growth Mindset），強調人的學習與行為是動態可變的。同樣地，在銷售情境中，顧客的態度與認知也會隨著資訊、互動與環境變化而轉變。這代表：今天說「不」的顧客，未來仍可能成為最忠誠的客戶，只要我們看懂拒絕的本質與節奏。

拒絕是養成信任的試煉，而非失敗的證明

許多高績效業務都曾回顧過最困難成交的顧客，而這些顧客幾乎都在一開始表達過某種形式的拒絕。這並非偶然，而是顧客在建立信任之前的「防衛反射」。換句話說，拒絕是一種試煉過程，透過觀察業務如何反應、是否堅持、是否真正關心，顧客在無形中建立起對人的信任感。

第九章　拒絕是進場訊號：轉念、應對與進一步挖掘

這也解釋了為什麼初次拜訪後仍能延續至第五、第六次再訪的業務往往最有機會成交——因為他們經得起拒絕，也懂得在拒絕中找出對話的新切口。

從拒絕到接受的「四階轉化曲線」

1. 否定（Denial）

「我們沒有這需求」、「不考慮」——屬於情緒防衛或認知不足階段。

2. 觀察（Observation）

「我們再看看」、「你資料寄來」——顧客願意放入決策雷達，但尚未表態。

3. 測試（Test）

「你可以先做小樣嗎？」、「我問一下同事」——顧客主動進行風險試探。

4. 接受（Acceptance）

「好，那你來提一個完整方案」——顧客從排拒進入合作框架。

了解這四階段，能幫助業務設定合理的跟進節奏與對應話術，避免過早放棄或過度施壓。

第六節 拒絕只是過程，不是結果

案例：如何從一次拒絕開始合作

這間公司為 B2B 製造業提供流程數位轉型服務。業務總監嘉倫拜訪某工業零件公司時，對方總經理直言：「我們目前真的沒這預算，也不太想動流程。」

嘉倫聽完並未嘗試反駁，而是回答：「我理解您擔心預算與動盪，但這三年我們有客戶花不到五位數，從一個工段開始小規模試行，成效出來後再向上擴展。若您願意，我們可以幫您設計一個只針對收料驗貨的小案。」

一週後，該總經理回信表示願意討論小案方案。半年後，該公司正式啟動全廠流程升級，嘉倫也因此獲得三年長約。

結語：
拒絕不是紅燈，而是黃燈：提醒你改變切入方式

總結來說，拒絕不代表無望，它只是顧客告訴你：「你還沒找到對的方法來讓我接受。」優秀的業務人員懂得將「被拒絕」轉譯為「訊息回饋」，並透過節奏控制、切入點轉換與關係鋪墊，讓對話繼續流動。

請記得：拒絕是銷售旅程中的一站，而非終點站。你若夠有耐心與智慧，甚至會發現──那些說「不」最用力的人，往往是最有潛力的夥伴，只要你懂得怎麼帶他走到下一步。

第九章　拒絕是進場訊號：轉念、應對與進一步挖掘

第十章
商談桌上的心理戰：
用策略談出好成交

第十章　商談桌上的心理戰：用策略談出好成交

第一節
討論不是爭論：
談判的心態與角色設定

當業務流程走到「談判桌上」這一關時，許多業務人員心中難免出現緊張或對抗感。他們擔心價格被砍、條件被要求讓步，甚至覺得顧客處處刁難。但實際上，談判若被視為「爭論或鬥爭」，就注定會進入零和賽局，無法創造長期合作的關係。真正成熟的談判，是雙方在既有目標下，尋找可以同時滿足彼此需求的最大交集。

根據哈佛談判專案（Harvard Negotiation Project）所提出的「利益導向談判」（Interest-based Negotiation）模型，成功談判的核心並不是「讓對方接受我們的方案」，而是「找出彼此在意的核心利益，再思考怎麼達成雙贏的設計」。因此，在商談過程中，正確的心態與角色設定，比一張價格表、一份條款清單更為關鍵。

三種常見錯誤心態,讓你無形中自我設限

1. 把自己當成「提案者」而非「對話者」

業務若抱持「我來提方案給你決定」的思維,容易造成溝通單向,失去互動與調整空間。

正確心態應是「我們一起釐清需求,並合作設計解法」。

2. 預設客戶是對手而非夥伴

覺得談判是要「撐住底線」、「防止被壓價」,會讓態度緊繃、話語偏防禦性,導致對方產生敵意。

成熟的商談態度是「我不是跟你爭,而是想跟你一起做成這件事」。

3. 過度聚焦條件,而忽略動機

一味討論價格、付款方式等條件,會忽略顧客的內在焦慮與期望。例如對方可能不是嫌貴,而是怕買錯。

商談應從「為什麼談」開始,再進入「怎麼談」的階段。

建立談判角色的四個要素

1. 協調者:創造共識空間

透過重述雙方需求與期待,協助彼此從不同視角找到共同語言。

第十章　商談桌上的心理戰：用策略談出好成交

話術範例：「您希望方案穩定，我們希望合作持續，看來我們可以先從可控範圍內測試開始？」

2. 翻譯者：轉換需求語言

顧客的話不一定反映真正需求，例如「太貴」可能是「我無法馬上決定」，要能聽出弦外之音並轉化為實際條件。

話術範例：「如果價格不是問題，您會在什麼情況下考慮開始試用？」

3. 倡議者：為價值發聲

遇到不合理質疑或誤解，必須穩定地為產品價值與專業立場做說明，展現信念。

話術範例：「我們不一定最便宜，但若您希望做的是長期穩定方案，我們的實績應該能提供信心。」

4. 退出者：適時設限保護自己

若對方只想壓榨條件，毫無合作誠意，也必須表達底線。

話術範例：「我很希望合作，但若對方只看價格，可能就不是我們的目標客戶。」

案例：協商思維轉變

業務顧問誠佑原本面對某電商平臺談判時，因為顧客強勢要求降價而幾度妥協，最後卻仍被對方放鳥。

後來他學會採用「利益導向談判」方式，再次與另一家物流業者洽談時，他改變說法：「我知道您希望成本可控，我們也希望專案能穩定落地，不如我們先訂一個試行期，用明確的績效來說服您延續合作。」

該業主接受提案，雙方三個月後順利簽下年約，並持續合作至今。

結語：談判的目的，是讓合作變得合理與安心

總結來說，談判並非對抗，而是溝通的一種形式。當我們以合作者的角色進場，不帶情緒、不設對立，反而更能看清顧客真正的擔憂與期待。談判桌上，策略要清晰，態度要穩定，角色要轉換靈活。唯有如此，才能讓每一次商談，不只是成交的機會，更是關係深化的入口。

第十章　商談桌上的心理戰：用策略談出好成交

第二節　錨定效應與價格設計策略

在談判過程中，價格往往是雙方最敏感也最容易引發對立的議題。許多業務在面對顧客時，總是煩惱到底該怎麼開價才不會讓對方覺得「太高」或「不合理」。但其實，價格的認知並不完全來自於數字本身，而是「與什麼相比」的心理落差。這正是心理學中著名的「錨定效應」(Anchoring Effect)。

錨定效應是由心理學家阿摩司・特沃斯基 (Amos Tversky) 與丹尼爾・康納曼 (Daniel Kahneman) 提出的概念，指的是人在做判斷時，會過度依賴最初接收到的資訊（也就是「錨」），即便後續提供的資訊較合理，也會被原始參考點強烈影響。

應用在銷售與談判中，第一個出現的價格往往就成為判斷依據，主導後續對話的心理區間。因此，業務若能善用錨定策略，就能在商談過程中掌握價格主導權。

錨定效應的三種實務運用策略

1. 先高後低，製造心理讓利感

若你希望成交價為 15 萬元，可先提出 18 萬元選項，接著在對話中提供「專案優惠」或「限時條件」降至 15 萬，顧客

便會產生被照顧的感覺。

話術範例:「我們原本是依照 18 萬為設計依據,但您這邊若在本月內確認,我們可以調整為專案價 15 萬。」

2. 設計價格階梯,引導對方自選落點

提供三種方案:高階(價值感最強)、中階(核心功能)、入門(試水溫方案),讓顧客依自身資源與風險承擔能力做選擇。

這種策略讓價格不再是單點對決,而是結構式選擇,有助降低壓力。

3. 建立價值錨,而非單純價格錨

錨不一定是數字,也可以是價值框架。例如:「我們的系統平均每月可為您省下 120 小時工時,以每小時 350 元人力計算,等於一年回收近 50 萬元。」

把價格放進價值脈絡中,顧客自然會從「成本支出」轉向「投資報酬」的認知。

案例:如何讓高價方案成為合理選項

公司推出一款智慧製造流程管理平臺,原始訂價為 38 萬元,許多顧客聽到後表情猶豫。

第十章　商談桌上的心理戰：用策略談出好成交

業務代表芮慈改變策略，設計三層方案：

- 基礎版 24 萬：僅提供模組與技術文件
- 專案版 32 萬：含顧問服務與三個月陪跑期
- 企業版 38 萬：另加自動報表串接與資料視覺化儀表板

芮慈先介紹企業版，再說明中階方案適合啟動期使用，結果顧客普遍接受 32 萬選項，覺得「合理又實用」。透過這樣的價格錨定設計，她不但提升平均客單價，也降低議價阻力。

結語：不是價格高低，而是錨定誰主導了對話

總結來說，價格從來不是冷冰冰的數字，它是心理認知與價值評估的交叉點。業務若能理解並運用錨定效應，就能避免被動跟價，也能更有策略地提出對顧客「看起來划算」、「感覺合理」的提案。

請記住：你不是在賣價格，而是在主導顧客怎麼看這個價格。錨得好，談得穩，成交自然也就水到渠成。

第三節　最終提案時機的判斷指標

在銷售與談判的過程中,「什麼時候進入最終提案」常常比「提案內容是什麼」更決定成敗。許多業務急於展開價格與合約細節的談判,結果反而讓顧客產生壓力、遲疑甚至中斷溝通。成功的提案,講求時機成熟,訊號明確,心理認同已到位。這就像在對話中捕捉風向與節奏的變化,提早出手是風險,太晚出手則可能錯失時機。

根據顧客行為心理學,購買決策過程通常分為五個階段:問題察覺、資訊搜尋、選項比較、意圖形成、行動決策。最終提案應出現在顧客「已進入意圖形成」且「尋求具體解法」的階段,此時顧客會出現一些可辨識的行為訊號。

五種關鍵訊號,判斷提案時機是否成熟

1. 顧客開始問具體細節

問「你們合約最短是多久?」、「如果我們用 A 模組,不選 B,價格會差多少?」代表對方已將方案納入內部討論結構。

2. 語言轉為第一人稱角度

從「你們的系統怎樣」轉變為「我們這邊怎麼導入比較好」，這是認同與心理接納的轉折點。

3. 對方主動提出障礙而非拒絕

「這價格我們內部預算可能要調整」、「這流程要先跟部門主管討論」代表不是排拒，而是尋求配合路徑。

4. 願意提供內部資料或情境

如：「我把我們目前的流程架構畫給你看好了」、「我們的 KPI 我給你參考一下」代表進入信任區間，可展開具體提案對接。

5. 開始討論時程與實施節點

一旦顧客問：「最快什麼時候可以上線？」就表示對方已經「自我投射」進未來情境，是最佳提案時點。

最終提案的呈現策略

1. 簡潔聚焦、對症下藥

避免一次列出過多選項或條款，聚焦在「顧客已認同的價值與關鍵指標」。

2. 前後連貫，引用對話線索

提案內容若能對應顧客曾說過的需求點，會讓對方覺得「這真的是為我量身訂做」。

3. 創造共同設計感

用語應避開「我們決定這樣提」，而是「根據您之前提到的幾點，我們設計出這樣的組合方案」。

4. 設計互動式提案會議

提案不該只是簡報，而應讓顧客有思考、反應與修改的空間。建議以問題式開場：「我們這樣設定的核心指標，您覺得是否貼近您目前預期的 KPI？」

案例：如何掌握提案黃金時刻

業務代表婉蓉在與一家食品加工企業接觸三次後，發現對方開始主動提供每月用電報表與機臺啟停紀錄，並詢問：「我們要省下這些費用，大概要幾個月才看得到？」

婉蓉判斷時機已到，於是在下一次會面中直接帶入「量身提案」，內容只聚焦兩件事：三個階段節能設計、KPI 對應表格。簡報過程不超過 15 分鐘，接著讓顧客提問與挑選模組搭配。

第十章　商談桌上的心理戰：用策略談出好成交

這場會議後對方當場確認採購合作，並表示「這才是我們需要的提案節奏」。

結語：提案不是推，而是順勢而為

總結來說，最終提案的關鍵，不在於你是否準備好，而在於對方是否準備好接受。如果你能觀察顧客語言、互動深度與問題類型的變化，提案時機其實就在你眼前。請記得，成交從來不是「說服」來的，而是「接住」對方說出的需求而來的。提得準、提得巧，才是真正談得下來的本事。

第四節　異議轉換為優勢的三步法

在商談進行到一定階段時，異議幾乎是不可避免的挑戰。不論是價格疑慮、流程顧慮，或是決策層級上的卡關，顧客所提出的問題往往讓業務陷入防守姿態。然而，真正高段位的業務不會將異議視為威脅，而是視為建立信任與展現價值的機會。

從行為心理學的角度來看，顧客之所以提出異議，是因為他已經將你的方案納入思考，正在評估「我是否可以相信你」、「我是否可以承擔這個選擇」。換言之，異議不是拒絕，而是進一步參與的表現。

三步驟：異議→共鳴→優勢

這套三步驟轉化架構，能協助業務從顧客的異議出發，透過理解與重新定義，轉化為支持成交的說服力。

1. 接住異議：不要急著回應，先讓對方完整表達

話術範例：「我聽得出來這部分讓您有些顧慮，能再多說一點嗎？」

目的：讓顧客感受到被尊重，也讓業務蒐集更完整的異議脈絡，避免誤判。

2. 轉化為共鳴點：從顧慮中找出價值連結

話術範例：「其實像您這樣對流程穩定性要求高的客戶，我們也遇過，他們後來反而最看重我們系統的模組彈性。」

目的：透過類比或案例共感，讓顧客從異議者的角色轉為「有資格深入了解的人」。

3. 強化優勢點：將顧慮正向定義為價值主張

話術範例：「也因為您對風險控管重視，我們在導入流程中設計了三道回饋環節，這正是我們與其他廠商最大的不同。」

目的：讓顧客理解，他的挑戰其實正是我們能提供差異化價值的切入點。

案例：如何逆轉技術質疑

某次提案中，顧客工程部主管提出質疑：「你們的分析模型是不是還不夠成熟？之前另一家顧問公司也是類似邏輯，結果誤差太大。」

業務顧問雅文沒有立即辯解，而是說：「您願意提這一點我很感謝，這代表您真正在意結果準確性。可否讓我了解，當時誤差產生是在哪個類型的設備？」

對方提供資訊後，雅文回應：「這類型我們目前採用的

是最新的演算法，去年在另一家航太精密廠的結果誤差小於2%，我整理一下報告讓您參考，是否您也想比較看看模型來源？」

這段互動成功讓對方從質疑進入深入探討，最終敲定試行方案。

結語：
異議，是顧客願意跟你「談真的」的開始

總結來說，每一次異議都是一次「確認合作條件」的機會。若業務能展現出「願意理解、能同理、懂得引導」的對話能力，原本可能導致冷場的對話，反而會成為情感認同與信任深化的起點。

請記得，異議不是絆腳石，而是墊腳石——關鍵在於你能不能穩穩踩上去，站得更高，說得更有力。

■第十章　商談桌上的心理戰：用策略談出好成交

第五節
如何設計誘因提升成交機率

在商談的最後階段，當顧客已對產品、服務與解決方案有基本認同，卻仍未跨出下訂的那一步時，關鍵往往不在於說服力，而在於「臨門一腳」的推力設計。而這正是誘因（Incentive）的作用所在。

誘因不是折扣而已。它是一種「讓顧客感覺現在做決定比晚一點做更划算」的心理機制。根據行為經濟學家丹·艾瑞利（Dan Ariely）所說，人們不是總是為了最大利益做決策，而是被「避免損失」或「立即獲得」的感覺所驅動。善用誘因，能將「也許可以買」轉變為「現在就要買」。

設計有效誘因的三個關鍵原則

1. 立即感：現在做比以後做更好

提供限時體驗、早鳥優惠、首月免費等具時效性的獎勵，激發行動衝動。

話術範例：「這份試用方案是我們這個季度才有的條件，下週就會關閉，我幫您先保留？」

2. 獨特感：不是每個人都有

建構限量、專屬或客製化誘因，讓顧客覺得「我被特別對待」。

話術範例：「這是我們只針對首次接觸的企業提供的特別協議，後續不再開放。」

3. 延伸價值：讓顧客多拿一點、但不是純降價

提供額外服務、升級模組、贈送顧問時數等，不改變價格本體但提升價值認知。

話術範例：「如果您在月底前完成簽約，我們這邊額外提供三個月的顧問陪跑支持，不額外收費。」

四種誘因策略架構

(1) 時間型誘因：限時方案、報名期限、早鳥價格，有效製造「錯過會後悔」心理。

(2) 社會型誘因：展示其他顧客已行動的狀況，如「目前已有超過 50 家同業啟動專案」。

(3) 里程碑型誘因：配合顧客年度、月度目標，如「年初專案可協助您在 Q2 前完成 KPI」等時間節點誘導。

(4) 內容型誘因：如報告、工具包、教育訓練、內部評估診斷等資源，讓顧客覺得即便沒買，也得到實質價值。

■第十章　商談桌上的心理戰：用策略談出好成交

案例：如何用誘因提升成交率

業務經理羽庭面對一位始終猶豫不決的行銷主管，在三次會面後，明顯已產生好感但尚未決定。

羽庭說：「因為您是我們第一批接觸的餐飲業客戶，我們公司內部評估很有參考價值，若您願意在這週前完成啟動流程，我們願意提供一份完全客製的用戶報表模板，這是我們目前只提供給內部專案夥伴的資源。」

該主管當日即拍板合作，並在專案啟動後成為第一批對外分享成效的口碑客戶。

結語：
誘因不是讓利，而是設計「現在」的理由

總結來說，誘因的目的不是便宜、也不是讓步，而是協助顧客在已心動的情況下，跨出那一步。設計誘因時，請問自己三個問題：

◆　這個誘因是否讓顧客覺得「此時此刻行動比較聰明」？
◆　是否讓顧客有「我很特別」的感覺？
◆　是否提升了我們的專業形象而非折損價值？

當這三項都能成立，你的誘因就是成交最強的助力。

第六節
打造臨門一腳：
收單話術與行動呼籲設計

在銷售流程接近尾聲時，最令人期待也最關鍵的一刻莫過於收單（Closing）。這個階段不是簡單的「簽約」，而是從對話轉為合作、從信任過渡到行動的橋梁。然而許多業務人在這個節點反而猶豫、不敢開口，或用錯了方式，導致錯失成交機會。

成功的收單不是「問他要不要買」，而是「幫助顧客完成決定」。行動呼籲（Call to Action, CTA）不是壓力，而是引導，是一種心理結構的建設，讓顧客覺得做出選擇是合理、輕鬆、而非被逼迫。

成交之前的三大心理狀態

（1）想買但還在猶豫：代表顧客已有意願，但仍有未解顧慮或欠缺最後一個推力。

（2）怕承諾錯誤：顧客擔心決策後要承擔責任，這種心理壓力比價格因素更強烈。

(3) 沒感覺到需要「現在」做決定：顧客沒被喚起急迫感與時機感，導致持續拖延。

了解這三種心理，有助於我們設計正確的收單話術與行動呼籲策略。

收單話術的三個策略結構

1. 再確認價值認同

話術：「所以您剛剛提到這樣的模組能解決目前部門最常卡關的問題，對吧？」

目的：喚起顧客已同意的價值點，重新聚焦在解決問題的本質上。

2. 轉換選擇語境

話術：「以現在這個優惠方案，您覺得我們從這週還是下週開始規劃比較順？」

目的：將選擇重心從「要不要」轉為「怎麼做」，讓對話進入執行邏輯。

3. 建立決策的合理性與安全感

話術：「我們合約有試行期，若結果不如預期，您可以自由調整模組內容，這對您來說會不會比較有彈性感？」

目的：減少承諾風險的恐懼，讓顧客覺得「先試也沒壞處」。

四種行動呼籲設計範例

(1)時間限定式：「這個組合價格只到這週五結束，我可以幫您先預留名額。」

(2)任務導向式：「我這邊草擬一版提案文件，您週三前給我回饋，我們週五就能完成內部啟動流程。」

(3)參與感引導式：「我們一起來訂個初步目標，方便我幫您設計第一階段模組，這樣是不是效率更高？」

(4)決策負擔轉移式：「要不您這邊先確認合作意願，我來設計階段性評估報告，若中途覺得不合適，我們再做微調。」

這些話術目的皆在於：「降低顧客心理成本＋提升行動明確性」，讓「現在就做決定」看起來是最簡單、最聰明的選擇。

案例：如何讓收單變得自然又堅定

業務顧問靖淳拜訪某工業企業總經理時，歷經三輪提案，對方始終保持開放但未正式表態。

第十章　商談桌上的心理戰：用策略談出好成交

靖淳在第四次會談中，先重申對方的痛點：「您之前提到年底前要完成碳排初審報告，這件事壓力應該不小？」

總經理點頭。靖淳接著說：「我們可以從這個月底先啟動排放數據盤點，這樣一來，您在 12 月提交時就不會臨時找外部團隊。我這週幫您排專案起始簡報時間，我這邊先安排週三下午，您看怎麼樣？」

總經理笑說：「你這種安排我沒藉口拒絕了，OK，我先交給你。」

這不是說服，而是讓對方覺得「決定」是邏輯與時機的自然延伸。

結語：
成交不是最後一步，而是信任的完成句點

總結來說，真正的收單不是用「你要不要買」去逼迫顧客，而是讓對方覺得「這個決定我自己做的，而且我很安心」。收單不是結束，而是從信任過渡到合作的證明。

請記住：話術只是工具，理解對方的狀態、設計清晰可行的下一步，才是「臨門一腳」最穩的一腳。

你的任務不是收單，而是創造讓對方願意說「我們開始吧」的那個瞬間。

第十一章
成交不是結束,是關係的開始

第十一章　成交不是結束,是關係的開始

第一節
顧客生命週期價值:
從一次性轉向長期營收

在業務流程中,大多數人以「成交」為終點,把合約簽下來、訂單送出就視為成功。但對於真正成熟的業務而言,成交不是終點,而是起點。真正創造高產值與穩定營收的關鍵,不在於你成交了多少客戶,而在於這些客戶是否留下來、是否持續回購、是否願意介紹新客、是否能成為你品牌的擁護者。

這就是顧客生命週期價值(Customer Lifetime Value, CLV)的概念核心。它不僅是財務計算上的預估模型,更是業務思維的轉換標誌——從單筆交易導向,轉向長期經營導向。

CLV 的定義與商業意義

顧客生命週期價值指的是:一位顧客從第一次購買到最後一次互動為止,對企業產生的總價值。這個價值不僅包括他本人的消費總額,也包含他可能轉介紹的顧客、他對品牌影響的社群力,甚至他對產品開發與服務優化的潛在貢獻。

一位只買一次、卻花上三週才成交的顧客，可能產值遠不如一位每月消費穩定、願意推薦朋友加入的老客戶。理解這件事，將讓業務不再急於成交，而是更在意顧客的整體旅程設計與關係深度。

為什麼長期顧客更有價值

(1)取得成本較低：根據市場研究，留住一位舊客的成本只有開發新客的 1/5 至 1/7。

(2)溝通效率更高：熟悉品牌與流程的老客戶不需再教育與導入，轉單速度更快。

(3)回購與加購率更高：長期客戶更願意嘗試新方案、升級模組或參加進階方案。

(4)品牌信任傳播者：他們的正面評論與推薦，往往比任何廣告來得更有影響力。

(5)成為內部創新回饋來源：老客戶往往最了解產品應用瓶頸，能提供寶貴的改善建議。

第十一章　成交不是結束，是關係的開始

業務在成交後的三階段角色轉換

1. 交付者（Deliverer）

確保產品或服務準時、正確、無誤地交付給顧客，是信任的第一道防線。

2. 協作者（Collaborator）

主動關心使用狀況、協助啟用或導入流程，提升顧客的使用體驗與價值感。

3. 關係設計者（Relationship Designer）

設計下一步的接觸點、提供延伸服務，將顧客關係從「一次交易」推進到「長期互動」。

案例：生命週期經營模型

這間公司提供企業文件自動化服務。業務經理柏銓將顧客區分為三類：

- 初階客戶：剛啟用基本模組
- 中階客戶：開始整合跨部門工作流程
- 高階客戶：與其他軟體串接、進行進階資料分析

柏銓在成交後，主動設計一份「成長地圖」，讓顧客了解每個階段會遇到的痛點與進階選項，並每三個月安排一次「價值回顧會議」。結果，80％客戶在一年內升級模組，70％以上願意接受顧問輔導服務，創造超過兩倍以上的平均客單價提升。

CLV 導向思維下的三個行動建議

1. 在成交當下就設計「長期藍圖」

給顧客一份不只解決眼前問題的成長藍圖，讓他看到與你合作的未來畫面。

2. 每三至六個月主動接觸一次

不只是客服，而是業務以「關心經營狀況」為主題，主動提案、提供資源、解決新問題。

3. 設立客戶回饋與升級預測機制

根據顧客使用頻率、提問內容與內部行為紀錄，主動預測其升級或流失的可能，及早介入經營。

第十一章　成交不是結束，是關係的開始

結語：
長期顧客不是自然發生，是用心設計的成果

　　總結來說，顧客生命週期價值不只是一個指標，更是一套「關係為核心」的業務哲學。當你願意把時間投入在關係經營與價值延伸上，每一位顧客都可能成為下一次業績成長的源頭。

　　請記住：一次成交是業務，一段關係是資產。從成交那一刻起，你不是贏得訂單，而是開始經營一段可能持續數年的合作旅程。

第二節
售後服務設計：超越期待才叫服務

許多業務在成交之後，會將顧客的後續經營交由客服、技術或行政團隊處理，彷彿完成交付就代表任務結束。然而，在當代商業環境中，售後服務已不只是「處理問題」的工具，而是品牌差異化與顧客留存的關鍵策略。真正優秀的售後服務，應該不只是解決，而是創造 —— 創造體驗、創造信任、創造下一次的合作可能。

心理學家約翰·古德曼（John A. Goodman）在其《策略客戶服務》（*Strategic Customer Service*）中指出，80％以上的顧客流失，其實不是因為產品問題，而是因為問題發生後「沒被好好處理」。這揭示出：售後設計的重點，不是發生錯誤，而是我們用什麼態度、速度與創意來修復顧客的信任。

售後服務的三大迷思

1. 把服務當成部門職責，不是品牌責任

售後服務若只是被交由客服人員負責，將失去與業務流程的連貫性，也無法展現品牌整體價值觀。

2. 只解決問題，不創造經驗

若服務目標只是「修好」、「答覆」或「補償」，那麼顧客不會產生記憶點，也難以形成正向口碑。

3. 沒有回應速度與回饋閉環

顧客最怕的是「沒人管」與「石沉大海」，即使無法立刻解決問題，也應先讓顧客知道「我們聽到了，正在處理」。

售後設計的三層架構：從反應到主動

1. 回應式處理 (Reactive Support)

快速回覆、明確承諾、具體時程是基本要求。

話術範例：「我們收到您的反應，已交由工程部門處理，預計 48 小時內提供初步解決方案。」

2. 預期式照顧 (Proactive Follow-up)

主動追蹤安裝進度、使用體驗或滿意度。

話術範例：「您上週剛啟用新模組，我想確認一下目前使用順利嗎？我們可安排一場優化建議會議。」

3. 創造式體驗 (Value-added Experience)

提供超出預期的協助、加值內容或人情回饋，讓顧客產生「驚喜感」。

第二節　售後服務設計：超越期待才叫服務

範例：主動贈送操作指南、依據對方產業趨勢設計「隱藏版模板」、或在重要節點寄出客製化祝賀小物。

案例：售後驚喜策略

業務顧問子皓設計了一套三步售後體驗計畫：

(1) 啟用後一週來電關懷：了解使用狀況，主動提供操作影片。

(2) 一個月後送上「使用者小白書」：針對使用頻率與錯誤紀錄個別設計簡易攻略 PDF。

(3) 第一季結束寄出「最佳啟用成就獎」小禮包：內容包含品牌周邊與客戶專屬成效數據摘要。

這些舉動讓客戶不只覺得有被照顧，更開始主動分享使用經驗，成為品牌的忠實擁護者。子皓所帶領的區域回購率提升至 82%，續約率達 91%。

售後設計的四個細節優化關鍵

1. 建立顧客使用歷程儀表板

顯示每位顧客的啟用程度、登入頻率、功能使用偏好，以便提供對應輔導或關心話題。

2. 建構「服務記憶點」

運用事件節點建立情緒記憶，如啟用百日、解決第一次報錯、達成關鍵指標時給予讚賞通知。

3. 跨部門服務同步與記錄

將客服、業務、技術支援的互動整合於同一介面與系統，讓每次對話都具有上下文。

4. 建立服務 KPI 與 NPS 回饋

每次互動後引導顧客留下 0 ～ 10 分評價（淨推薦分數），並設立跨部門服務目標，如「72 小時內閉環回覆率達 95%」。

結語：售後，是品牌人性的開始

總結來說，售後服務設計不只是技術與流程，它更是品牌對顧客人性理解的展現。當顧客在出現問題、面對不確定感時，業務能否站在他們身邊，不只是修復關係，更是在建立情感認同。

請記住：服務不是修理，是理解；不是滿足期待，是超越期待。當你用售後設計打開一段關係的續篇，那麼顧客對你的信任，將從一次合作，成為長期選擇。

第三節
客訴處理策略：
同理心與回應速度是關鍵

在每一段長期顧客關係中，客訴幾乎無法避免。產品再好、服務再完善，也總有顧客會出現不滿、誤解或期待落差的時刻。這些時刻不是品牌的敗筆，而是信任的試煉。真正能經營出高滿意、高忠誠的業務與品牌，往往不是「從不出錯」，而是「處理錯誤的方式讓人感動」。

根據美國顧客滿意度指數（ACSI）的研究顯示，若一位顧客的問題被妥善解決，他對品牌的忠誠度會超過從未發生過問題的顧客。這表示：客訴並不是破壞關係的開始，而可能是轉化為深度連結的關鍵節點。處理得好，顧客可能成為品牌守護者；處理得差，一次負評可能導致十位潛在顧客流失。

為什麼多數企業處理不好客訴？

1. 只處理問題，不處理情緒

許多回應只針對事實解釋，卻忽略了顧客當下的憤怒、焦慮或失望。這讓回覆顯得冷淡，無法化解對方的不滿。

2. 速度太慢，導致不信任加劇

根據調查，超過 60％的客訴若未在 24 小時內有回應，顧客信任度將大幅下滑。

3. 缺乏權限，前線無法解決

第一線客服若無處理授權，只能「回報等待」，讓顧客更加無助。

4. 缺乏記錄與追蹤系統

即使個案已解決，但若無內部閉環回饋，下一位顧客可能再次遇到相同問題。

5. 未善用客訴作為品牌優化契機

多數公司將客訴視為危機，少數公司則視為品牌再造的燃料。

處理客訴的三階段心法：感受→修復→再連結

1. 感受（Empathize）：先處理情緒，再談事實

話術範例：「我可以理解這讓您很不舒服，若我是您，我也會覺得受挫。」

目的：讓顧客覺得自己被聽見、被理解，情緒緩解後，才有對話空間。

技巧：運用語氣下降、適當沉默、重述對方話語等方式建立同理感。

2. 修復（Resolve）：以誠意提出具體改善方案

話術範例：「我這邊幫您提出兩個可行方案，您看哪一種最能符合您目前的期待？」

重點：給出選擇權，讓顧客感受到主控權回歸。

延伸：可視狀況提供補償、額外資源或彈性條件，強化誠意與補救力道。

3. 再連結（Reengage）：**轉化為關係修復機會**

寄出道歉信、提供補償方案後，再主動邀請顧客參與小型活動、填寫意見調查或分享建議。

目的：讓顧客知道「你不是被我們修好就結束了」，而是我們期待你持續參與品牌優化。

應用：若顧客反應具建設性，應正式邀請加入「意見夥伴計畫」或「內測小組」。

案例：如何化解客訴轉為信任

這間公司專為中小企業提供數位學習平臺。有一次，某公司學員反映教材內容過時，並在社群上發文批評，造成多方關注。

第十一章　成交不是結束，是關係的開始

業務代表芊宜並未急於解釋，而是立刻致電：「我今天看到您的反應，謝謝您願意講出來。我們已請課程單位重新審查教材，三日內會有更新版本。我也想約個時間，聽您對未來教材應增加哪些方向。」

三日後更新上線，芊宜親自發信邀請該學員優先試看，並在一週後寄出一張手寫明信片與「課程意見夥伴證書」。

除此之外，芊宜還將該位學員納入後續教材共創小組，邀請他參與兩次線上討論會，並讓其名字出現在新版教材感謝名單中。

該學員最終主動在原發文貼文下補充：「服務回應誠懇，內容也有改進，感謝貴公司的用心。」不僅成功化解負評，更讓品牌形象大幅加分，吸引更多潛在用戶好奇點閱與試用。

擴大應用：從客訴處理邁向服務再設計

（1）建立客訴預警系統：透過關鍵字追蹤、滿意度問卷與客服紀錄，自動標記高風險客戶。

（2）設置「客訴日誌回顧制度」：每月彙整重點個案，由跨部門共同檢討與改善設計。

（3）培養「客訴特種部隊」：選出有經驗與溝通力的業務／客服組成快速反應小組，處理高複雜性或高敏感度客訴。

(4)轉化為教育資源：將典型客訴案例轉化為內部訓練教材，提升整體品牌應變素養。

結語：客訴處理是業務與顧客關係的轉運站

總結來說，客訴不是麻煩，而是轉化機會。同理心是起點，速度是關鍵，真誠是底氣。若你願意不只處理事件，而是接住人，那麼客訴的當下，往往正是顧客對品牌認知最深刻、連結最真實的時刻。

請記住：一位曾經抱怨過、但又回來合作的顧客，比從未說過話的顧客，更值得珍惜，也更可能成為未來的品牌代言人。

而你，若能在關係最脆弱之時，用同理與速度穩穩接住對方，那麼這位顧客，也會記得你不是「處理問題的人」，而是那個在他最失望時，還願意傾聽與陪伴的人。

> 第十一章　成交不是結束，是關係的開始

第四節
轉介紹機制設計：讓顧客自發推廣你

在行銷預算吃緊、廣告信任度逐年下降的今天，最具說服力的行銷武器，不是廣告，而是顧客的口碑推薦。尤其在B2B、專業服務或高信任門檻的產業，潛在顧客往往在決策前，會先尋求可信任圈層的建議，而這些「熟人意見」，正是轉介紹的原動力。

根據尼爾森（Nielsen）全球消費者信任報告，92%的消費者表示他們最信任來自親朋好友的推薦，而不是企業本身的行銷說法。這表示：若能讓現有顧客成為主動傳播者，你不僅節省推廣成本，更能創造極高信任基礎的新客戶來源。

為什麼顧客願意轉介紹？

（1）強化自我價值感：介紹人會因「幫助他人找到好東西」而產生優越感與成就感。

（2）品牌認同轉化為社交貨幣：當顧客覺得你讓他「有面子」，就會樂於主動推薦。

(3)互惠誘因有效啟動：適度的回饋機制（如折扣、禮品、專屬服務）能強化動機，讓顧客不只口頭支持，更願意主動行動。

設計轉介紹機制的三個核心原則

1. 簡單可行：讓推薦變得毫不費力

提供清楚的推薦入口（專屬連結、推薦碼、QR Code），並設計可複製的分享話術或模版，降低「不知道怎麼開口」的障礙。

2. 有價值感：讓介紹人與被介紹人都覺得被尊重

對介紹人：提供等值回饋、專屬身分（如推薦大使、夥伴會員）。

對被介紹人：給予首次折扣、限時優惠或個人顧問服務，讓他覺得「有人幫我鋪好路」。

3. 可追蹤可優化：設立完整記錄與獎勵制度

使用 CRM 系統或推薦平臺記錄介紹來源，統計成功轉換率，依據數據進行疊代。

第十一章　成交不是結束，是關係的開始

案例：三段轉介紹流程

這間公司提供企業領導力訓練。業務經理士恆設計以下三階段轉介紹流程：

1. 啟動期（服務初體驗後一週）

寄出「若您覺得我們的內容不錯，也歡迎推薦給需要的朋友」信件，附上可編輯推薦訊息與推薦碼。

2. 深化期（第一次服務結束後）

主動詢問：「我們這段過程中是否有哪位業界朋友，您覺得也會受用這樣的服務？」搭配「雙方皆享 1,000 元課程抵用券」機制。

3. 認同期（顧客成為長期合作對象時）

邀請擔任品牌顧問、出席客戶分享會，打造社群圈層榮譽感。

此機制推出半年內，轉介紹新客占比由 6％ 提升至 21％，其中推薦人回購率高達 83％。

擴展策略：讓顧客主動發聲的五種形式

（1）顧客見證影片／圖文分享：邀請顧客出鏡分享經驗，並提供腳本引導與簡單剪輯服務。

(2)社群話題設計：每月設計主題挑戰（如：＃我是效率控）邀請顧客貼文互動，形成轉發口碑循環。

(3)品牌會員推薦牆：在官網或實體店設置「推薦人名錄」，提升推薦人榮譽感。

(4)專屬推薦活動包：為介紹人準備簡報模版、推薦信範例、成功案例等「轉介紹工具箱」。

(5)推薦排行榜／推薦獎勵制度：設立推薦積分與排行獎金制度，形成持續推廣動力。

結語：
轉介紹不是「叫人來」，而是讓人「願意說」

總結來說，真正有效的轉介紹來自「信任與價值的自發傳播」。若你能創造一段讓顧客感到驕傲的體驗、設計簡單又有榮譽感的推薦流程，那麼你就不是一個人找客戶，而是讓每位顧客都成為你的業務員。

請記住：好的轉介紹不是靠送東西，而是靠「被分享」本身就是一種肯定。

第十一章　成交不是結束，是關係的開始

第五節　會員經營與回購策略

當今顧客經營的核心命題，早已從「如何成交一次」轉為「如何讓他們持續回來」。而會員制度正是企業打造顧客黏著度、提高顧客終身價值（CLV）與強化品牌影響力的實用工具。它不只是提供折扣與集點，更是一套結構化的顧客管理與價值深化策略。

根據《哈佛商業評論》指出，提高 5% 的顧客留存率，平均可帶來 25%～95% 的利潤成長。而這背後的邏輯，就是透過會員制度將顧客從一次性購買者，轉化為習慣性、忠誠性與推廣性三位一體的品牌支持者，並透過持續互動提升其整體生命週期價值，形成企業長期營收的根基。

為什麼企業需要會員制度？

1. 掌握第一方顧客資料

透過註冊、登入與消費紀錄，企業能取得高品質的顧客行為數據，這些資料有助於精準行銷、預測流失、設計個性化內容與促銷活動。

2. 提供分眾化溝通與推播

會員制度讓企業能依照顧客特徵與消費行為進行分層管理，對症下藥，提升顧客參與率與轉換效益，減少廣撒無效資源。

3. 培養品牌歸屬與社群互動

會員專屬標誌、等級認證、會員活動，會讓顧客產生「我屬於這個品牌」的心理歸屬感。透過社群參與，會員之間也能形成次級互動，為品牌增加額外價值。

4. 提升回購與推薦行為

有制度的會員經營可設計激勵機制，促使老顧客轉介紹、升級消費，成為行銷循環的重要推手。

會員制度的三階段設計模型

1. 註冊期：吸引加入與降低門檻

（1）利用入會即贈、首購優惠或抽獎活動來吸引顧客留下資料。

（2）設計簡便的註冊流程，例如社群帳號一鍵登入、簡訊認證即開通。

（3）透過問卷蒐集基本需求資料，為後續分眾打下基礎。

2. 活躍期：累積互動與升級引導

（1）透過點數、成就徽章、等級升級制度，激發顧客「用得多、獲得多」的心理動能。

（2）提供會員專屬服務（如預約專線、進階教材、客製化分析報告），讓顧客感受「升級有感」。

（3）實施互動型任務機制，例如簽到集點、參與評論、完成教學單元，建立習慣性黏著力。

3. 挽回期：防止流失與喚醒回購

（1）設立「安靜會員預警機制」，偵測 30 天未互動者，推送個性化喚醒簡訊或優惠券。

（2）提供「會員復活包」：包括失效點數回補、新服務體驗邀請與顧問回電機會。

（3）對於即將到期的訂閱會員，提前寄出升等提醒與續約優惠，強化續用意願。

回購策略的五種設計切點

1. 週期性更新商品／服務方案

將產品／服務模組化與週期化，透過季度升級、主題變換與功能更新，讓顧客養成預期與持續參與習慣。

2. 推動會員挑戰任務

如「AI 應用實作 30 天」、「三週掌握流程最佳化」，任務結束可兌換獎勵或進階服務，形成持續互動誘因。

3. 訂閱式方案轉化單次交易

設計年繳、季繳、月繳等方案，搭配差異化服務與折扣誘因，引導顧客轉向預付式與長期方案，提升穩定收入。

4. 搭配專屬限量優惠

根據會員的行為預測（如模組使用頻率、詢問關鍵字），發送個人化限時折扣與服務升級建議，提高轉換率。

5. 建立顧客成長模型與里程碑獎勵

為顧客設計清楚的成長曲線與回饋節點，讓顧客清楚知道「忠誠值得被肯定」，例如「學習進度徽章」、「百日活躍用戶成就證書」等。

案例：如何用會員經營打造高黏著客群

這間公司提供中小企業 AI 自動化顧問服務。顧問瑞良設計了一套涵蓋啟動、活躍與共創的會員制度：

◆ 新手會員（第 1 個月）：贈送專屬顧問諮詢乙次＋AI 自動化診斷表，提供入門知識。

第十一章　成交不是結束，是關係的開始

- 進階會員（第 2～6 個月）：每月參加「產業最佳實務解析」講座，可獲得點數並兌換模組升級。
- 高階會員（半年以上）：納入「AI 共創實驗室」，參與新功能測試、提供回饋、共享成果案例，並可邀請他人入會獲得推薦獎勵。

這套制度導入一年後，會員回購率從 47% 提升至 83%，平均客單價成長 1.8 倍，推薦新客轉換率達 28%，並形成一支內部稱為「智慧大使」的顧客共創社群，成為品牌影響力的延伸。

結語：會員不是編號，而是品牌共同體的骨幹

總結來說，會員經營與回購策略的核心，不在於優惠與促銷，而在於打造一段「願意留下、願意升級、願意介紹他人」的關係。會員制度是一種長期關係的設計，是一種參與式品牌建設。

當你把顧客當作品牌共創的夥伴，而不是一次性買家，你就擁有了打造永續成長飛輪的起點。請記住：顧客不會為了優惠留下，但會為了「我在這裡被重視、被認同、被照顧」而回來，而願意分享。這，才是會員經營的真正價值。

第六節 顧客成為品牌代言人：口碑傳播的設計原理

在行銷預算有限、廣告效能遞減、消費者信任度下降的時代，最具影響力與傳播力的推廣來源，不再是品牌本身說了什麼，而是「顧客說了什麼」。客戶之聲（Voice of Customer, VoC）早已取代明星代言、廣告標語，成為引導新顧客決策的核心力量。尤其是那些曾經親身體驗、願意真誠發聲的顧客，其推薦的力量往往超過品牌自身千言萬語。這正是「顧客代言人」策略的本質——將滿意的顧客變成品牌的自發推廣者。

品牌代言人不再是穿著西裝上電視的名人，而可能是你最早的試用者、最積極的評論者、最愛參與社群的用戶。他們可能每天都在朋友圈中提起你，或在社群平臺上不斷分享使用心得與成果。他們是真正的影響者，是品牌價值的自然散播器，更是企業「贏得市場信任」的長期資產。

第十一章　成交不是結束，是關係的開始

為什麼顧客會成為品牌代言人？

1. 情感歸屬與身分共鳴

當顧客不只是解決問題，而是在品牌中找到了理念、文化、態度的共鳴感時，就會產生深層的認同與自我投射。

2. 社交價值與影響力提升

分享優質品牌讓顧客在朋友圈中被視為「資訊領袖」、「資源分享者」，提升其社交影響力與人際信任度。

3. 參與感與成就感強化

當品牌給予顧客共創空間與角色認可，顧客會因為參與被肯定而主動擔任說話者，例如被列為用戶顧問、見證人、專訪者等。

4. 實質誘因與回饋制度

推薦成功有獎勵、分享有曝光、貢獻有報酬，這些制度能持續鞏固顧客的分享動力與代言意願。

第六節　顧客成為品牌代言人：口碑傳播的設計原理

三層口碑傳播架構：從分享、擴散到共創

1. 自發分享層

打造讓人想分享的內容與體驗，例如產品故事、服務驚喜、情感共鳴點。

設計社群濾鏡、貼圖、電子徽章、消費勳章，讓分享變得輕鬆又有趣。

2. 誘發擴散層

定期舉辦「顧客見證徵件活動」、「心得評比挑戰」、「推薦有禮」等，讓顧客有誘因願意主動參與分享。

結合排行榜機制或社群曝光回饋，讓表現突出的顧客得到群眾關注，提升他們參與的社會動能。

3. 品牌共創層

精選忠誠顧客，成立「顧客顧問團」、「用戶共創圈」、「品牌大使計畫」，讓顧客從使用者升級為產品共同創造者與品牌策略參與者。

案例：打造顧客代言人循環

為提升品牌信任度與行銷效率，業務總監嵩哲推動「資料力共創圈」計畫。

第十一章　成交不是結束，是關係的開始

他從百位顧客中挑選滿意度高、應用成效好、願意分享的 20 位客戶組成核心圈層，每季度邀請他們參加數據應用工作坊與產業論壇，並提供簡報模版、專訪報導與演講培訓。

這些顧客在 LinkedIn、Medium、品牌官網與論壇同步發文，逐漸成為該產業的意見領袖與「幕後推手」。回報顯示，這 20 位顧客帶來的轉介紹客戶占新客來源 34%，其社群貼文平均觸及人數超過一萬人次。品牌將該機制命名為「用戶代言飛輪」，並納入年度策略目標之一。

建立顧客代言制度的五項策略設計

1. 找對發聲者（Identify Ambassadors）

篩選條件：使用時間超過 3 個月、有成功應用成果、具社群習慣與表達意願。

2. 給發聲舞臺（Enable Channels）

提供內容：專業簡報模版、品牌視覺元素、影片拍攝協助。

建立管道：官方網站專欄、社群置頂推薦、合作媒體曝光。

3. 建立支持系統（Train & Support）

辦理見面會、培訓課程，教導顧客如何做有效表達、避免誤解、應對網路聲量。

4. 設計榮譽與回饋（Reward with Recognition）

除了贈品，更應給予「講者徽章」、「產品內測資格」、「品牌顧問證書」等認同性資源。

5. 量化代言影響力（Track & Optimize）

設定指標：轉介紹成交數、社群互動數、品牌曝光量、顧客再消費行為等。

持續追蹤：以 CRM 與 KPI 儀表板追蹤代言人貢獻與合作穩定度，適時調整激勵策略。

結語：品牌的聲音，需要顧客來共鳴

總結來說，顧客成為品牌代言人，不只是口碑的延伸，更是企業從產品導向邁向關係導向、參與導向、社群導向的關鍵象徵。當你的顧客願意自發分享、願意主動參與、願意邀請他人加入，你的品牌已經不再是一個供應者，而是成為一個共同信仰與價值的集合體。

第十一章　成交不是結束，是關係的開始

　　請記住：顧客不是工具，而是傳播的靈魂。當顧客願意為你說話，他們不只是消費者，而是品牌的共同建構者，是你最真實的行銷資本。

第十二章
打造永續競爭力：
從業務員到策略思維者

第十二章　打造永續競爭力：從業務員到策略思維者

第一節
成為自我驅動型業務員：
動機與紀律的自我培養

在現今競爭激烈且節奏迅速的業務環境中，僅靠熱情與口才已不足以脫穎而出。真正能在市場中站穩腳步並持續成長的業務員，往往具備強烈的「自我驅動力」。這種能力來自於深層的內在動機與自律精神，讓人即使在無人督促、面對壓力或遭遇失敗時，仍能保持行動力、學習動能與成長韌性。

美國心理學家愛德華・德希（Edward Deci）與理察・萊恩（Richard Ryan）提出的「自我決定理論」（Self-Determination Theory, SDT）揭示，人類內在的行動動力源自三大核心心理需求：自主性（Autonomy）、勝任感（Competence）與連結性（Relatedness）。當這三項需求被滿足，人就會展現出高度的內在動機與自我管理能力。對業務工作而言，這不僅是職涯成功的基礎，更是突破業績瓶頸與維持長期表現的關鍵。

第一節　成為自我驅動型業務員：動機與紀律的自我培養

為什麼自我驅動是業務成功的根本？

1. 面對高度不確定與波動性

業務工作的成果高度不可預測，成交與否受眾多外部因素影響，如客戶預算、競品出招、經濟局勢等。只有內心穩定、有目標感的業務員，才能從一次次挫敗中快速復原，持續推進。

2. 工作節奏無人強迫，全靠自我規律

相較於其他部門有固定交付時程或團隊合作壓力，業務的行動大多取決於自己是否主動聯絡、安排拜訪、準備簡報。這使得紀律與行動力成為成敗關鍵。

3. 缺乏即時回饋，容易失去動能

業務不像生產或客服，當下努力能立即見效，反而常面臨「努力了一個月卻沒有成交」的窘境。這種延遲型成就感容易讓人懷疑自己，唯有自我驅動者，才能在結果出現前持續耕耘。

建立自我驅動力的三大內在引擎

1. 目標意義連結（Purpose Alignment）

問自己：「我為什麼想成為一位優秀業務？我想證明什麼？我想為自己或家人創造什麼？」

當每一次行動都與個人願景或價值觀連結，如支持家庭、成為產業專家、創業準備等，就會自動產生驅動力。

2. 任務主控感（Autonomy）

給自己制定遊戲規則與工作方法，透過自我設計工作流程、開發技巧、拜訪節奏，強化「我掌控我職涯」的感覺。

例如，每週為自己設計一個挑戰任務：「這週用三種新開場方式開發潛在客戶」、「這週拜訪5位不同產業的人並寫下學習」等。

3. 能力成長感（Competence）

定期回顧自己成長的軌跡並設定可量化的小學習目標。成功的業務員多半都有一套自我學習筆記與檢核系統。

推薦方式如每週學習一項新知（如行銷心理、商業模型、產業趨勢），並記錄「一個重點／一個應用方式／一個問題」。

紀律養成的五個行動習慣

1. 設定週計畫與每日三件事

每週五下午預排下週工作，並每天早上訂出三件最重要任務（MITs），優先完成。

2. 輸入／輸出時段分配法

將每天分成兩段：「輸入」用於學習與準備，「輸出」用於行動與回應，避免時間雜用。

3. 互動日誌制度

每次顧客互動後用三行記錄「學到什麼／未完成處理／如何再優化」，一週回顧一次。

4. 每日儀式啟動法

建立固定的「工作啟動流程」，如讀一則產業新聞、做五分鐘沉思、打開任務板整理優先事項。

5. 自我獎勵機制

設計微型獎勵，如每完成三次陌生開發、每預約兩場會議，就可以小犒賞自己，維持動力與儀式感。

案例：自我驅動成長實驗

業務新人子瑜初入行時，既無客戶資源也沒經驗，卻在一年內拿下部門最佳新星獎。

她每天固定 6：30 起床，晨間進行閱讀與筆記寫作，七點半前完成當日任務規畫。拜訪空檔用手機聽產業音訊，並記錄每一位客戶提問的共通點。每週五自我檢討並向資深顧

第十二章　打造永續競爭力：從業務員到策略思維者

問請教一項技術問題,累積專業知識。

她設計出自己的「推進矩陣」,依據每位潛在客戶的回覆程度、互動溫度、產業急迫性做分級,並為每位客戶規劃對話路徑。

她說:「我不是等主管給任務,而是把自己當作經營公司的人在管理我的時間與成效。」

結語:驅動自己,才能帶動他人與未來

總結來說,真正頂尖的業務員,不靠被推動,而靠自我驅動。他們每天選擇自我規律,每週設計自我挑戰,每月做自我總結,並用這樣的紀律與信念,建構出可持續、可調整、可創新的職涯動能。

請記住:當你願意把業務當作一場人生的修練,而不是一場短期的績效比賽,你的視野、價值與成就將遠遠超過你原本能想像的高度。

第二節
設定目標與追蹤進度：業績以外的指標設計

業務工作雖以結果導向為主，但若僅以「成交金額」與「簽約件數」作為唯一衡量標準，容易導致短視近利與挫敗累積。真正能持續成長的業務人才，懂得設計「過程目標」與「多元績效指標」，建立一套能夠推動行動、量化努力並激勵持續投入的追蹤系統。

目標不只是壓力來源，更是方向指引、成就感觸發器與反思鏡面。當一位業務員能清楚看見自己「正在進步」的證據時，內在動力自然被強化，也更能在業績起伏中保持穩定節奏。

為什麼需要業績以外的目標？

1. 強化過程導向，避免只盯結果

成交是許多因素綜合的結果，但過程才是我們能掌控與優化的部分。若只盯成交，容易對自己產生過度苛責，甚至忽略中途的學習與突破。

2. 增加回饋頻率，維持成就感

若每週只能等成交才能感覺成功，將讓情緒大起大落。透過過程指標，我們能在日常小進展中獲得動力。

3. 建立可預測與可調整的成長路徑

透過記錄開發數量、互動品質、提案精度等中段數據，我們能精準找出瓶頸，提前調整策略。

業務的三類關鍵目標設計

1. 行動指標（Activity Metrics）

例：每週陌開（陌生開發）電話 30 通、預約 10 場初訪、完成 3 場提案簡報、每日 1 次追蹤顧客。

2. 學習指標（Learning Metrics）

例：每月閱讀 1 本產業書籍、每週撰寫學習心得、每季完成 1 次模擬簡報錄影與自評。

3. 關係指標（Relationship Metrics）

例：每週與潛在合作對象 1 次非業務性交流、每月主動提供價值資訊給 5 位關鍵客戶、建立 5 位產業內推薦人網絡。

建立目標與追蹤的五個步驟

1. 設計年度大目標與季度微目標

先從願景出發（如「今年成為前三強」、「建立個人品牌」），再往下拆解為每 90 天一次的具體行動模組。

2. 使用週任務看板與優先矩陣

將每週任務分為「高價值／立即性」組合，確保時間投入對焦。

3. 建立追蹤儀表板

使用 Excel、Notion 或 CRM 系統建立視覺化追蹤表格，每週檢視指標完成度與異常點。

4. 設定「學習檢查點」與自我回饋機制

每月設立反思會議，檢視自己在策略、知識、表達、談判四大面向的變化與卡點。

5. 結合主管回饋與同儕共學機制

邀請信任的同事共組學習圈，定期交換經驗與數據心得，提高持續行動的外在支撐力。

第十二章　打造永續競爭力：從業務員到策略思維者

案例：目標管理術

業務員敬凱，起初習慣憑感覺做事，結果工作一年後陷入績效高低起伏的狀態。後來他建立三層指標追蹤架構：

- 行動面：每日記錄陌生開發成功率，每週分析拒絕原因
- 學習面：每週三晚上聽一場產業直播，並寫成 LinkedIn 反思文
- 關係面：每月規劃一次關鍵客戶的價值回顧會議（Value Review）

實施半年後，他的成交週期縮短兩週，回訪率提升至 72%，客戶平均訂單額提升 32%。他說：「以前我只追數字，現在我追的是我有沒有每天往專業者更近一步。」

結語：當你追蹤成長，就不再被業績控制

總結來說，目標不是壓力來源，而是指引與動能的來源。當我們從業績轉向能力、關係與行動品質的多元指標設計，你就不再是被動等待業績決定你價值的人，而是主動定義成長軌跡的專業經營者。

請記住：每天記錄的，不只是你做了什麼，而是你在為自己打造什麼樣的未來。

第三節 數位工具與 CRM 自動化應用

在當今的業務環境中,「會用數位工具的業務」,早已不只是效率高,而是實力強。從客戶資料管理、溝通追蹤、提案簡報到後續服務,若能善用數位工具與 CRM 系統(Customer Relationship Management),便能將原本仰賴記憶與手動作業的流程,轉化為可追蹤、可預測、可放大的工作系統。

CRM 不只是資料庫,它是現代業務的「行動控制塔」,能協助你記錄每一次互動、排定下一次行動、追蹤客戶生命週期、量化關係強度,最終大幅提升成交效率與客戶滿意度。

為什麼業務要學會數位化?

1. 減少人為遺漏,提高執行精準度

與其靠「我記得他上次說什麼」,不如用 CRM 記下「下次要寄報價」、「3 週後再回電」,避免遺漏關鍵節點。

2. 提升反應速度與專業感

自動發送提醒、報價追蹤、合約到期通知,讓顧客感覺「你一直有在關心我」。

3. 建立數據紀錄，便於學習與檢討

CRM 可以記錄每筆成交與流失的原因、時間點、對話內容，有助事後分析策略成效，優化話術與對話節奏。

常見數位工具與 CRM 應用實例

1. CRM 系統（如 HubSpot、Zoho、Salesforce、臺灣在地如創市際 iCRM）

管理客戶資訊、記錄互動紀錄、自動追蹤業績、行程、提醒與提醒再訪機制。

2. 行動筆記與任務追蹤（如 Notion、Todoist、Evernote）

可用於記錄提問、任務待辦、每日學習筆記，搭配日程系統使用，統一追蹤目標完成度。

3. 行銷自動化工具（如 Mailchimp、ActiveCampaign）

定期發送電子報、顧客分級行銷、建立自動化培養路徑（Nurturing Flow），強化客戶黏性與回購率。

4. 數據儀表板（如 Google Data Studio、Power BI）

將客戶來源、提案進度、成交轉換等轉為視覺化報表，幫助自己與團隊做出策略調整。

5. 線上簡報與會議管理（如 Canva、Pitch、Google Meet、Calendly）

提高提案內容專業度，簡化會議預約流程，提升對外溝通效率。

自動化策略設計範例

（1）初次洽談後 24 小時自動寄出感謝信與簡報 PDF；
（2）報價送出後第 3、7、14 天自動寄出提醒信；
（3）每月 1 號自動寄出該月行業趨勢報告；
（4）客戶生日、合作週年自動寄送祝賀或專屬優惠；
（5）未互動 30 天自動推送再連結問候或限時活動。

案例：CRM 加速成長模式

這間公司專為零售業提供 POS 整合與會員經營服務。業務經理仕杰導入 CRM 後，建立了一套完整的顧客路徑圖，將顧客從「初次接觸→產品簡介→試用→報價→成交→升級」六階段全數記錄，並結合自動化 Email 提醒與回訪任務。

他發現自動寄送感謝信與報告摘要，能讓客戶信任感提升；而 CRM 提供的「互動熱度報告」也讓他精準掌握哪些客

| 第十二章　打造永續競爭力：從業務員到策略思維者

戶「看起來冷，但其實快要成交」。

結果，團隊成交率提高 18%，平均成交天數縮短一週，客戶回購率也因定期追蹤而提升 32%。

結語：
當你能用科技強化專業，就會少一分壓力，多一倍效率

總結來說，CRM 與數位工具的應用，不只是幫你記錄與提醒，更是現代業務員打造「可預測成長」與「穩定服務品質」的基礎。當你懂得用科技補足人性盲點，就能用時間換價值、用流程養關係、用數據創成果。

請記住：你不需要比別人更聰明，但可以比別人更有系統、更有效率、更穩定。這，就是數位轉型時代，業務員的競爭力新標準。

第四節　品牌經營與個人形象設計

在業務這條職涯路上，過去我們追求的是成交，今天我們追求的是信任，而未來我們必須經營的是「信任的延伸」—— 也就是你的個人品牌。當客戶不再只是看你的商品，而是認識你這個人，相信你這個人，願意長期與你互動合作時，你就從一位業務員，邁入了專業顧問，甚至是產業意見領袖的領域。

所謂個人品牌，不是穿西裝拍形象照，而是你每天說的話、做的事、呈現的態度，以及市場對你的集體印象。品牌是別人替你下的注解，而個人形象，是你能主動設計與主動傳遞的內容。當你能用策略性眼光經營自我，你就不再只是一個追業績的人，而是具有市場記憶點、信任力與被動吸引力的「人脈磁場」。

為什麼業務也要有個人品牌？

1. 顧客記住人，不只是記住公司

多數顧客長期合作不是因為品牌名，而是因為「我跟誰合作覺得放心」。你就是產品的代表、信任的窗口。

2. 提升信任與專業感

有專業形象、有脈絡累積、有觀點輸出的人，容易讓陌生客戶快速信任，也更容易拿到關鍵引薦與跨部門合作機會。

3. 創造被動吸引力與口碑延伸

當你長期經營一套專業標準與表達風格，潛在客戶會主動找上門，也更容易成為推薦與轉介紹的源頭。

4. 擴展職涯可能性

擁有清晰個人品牌的人，更容易進入顧問、講師、顧客經理、策略企劃等高價值角色，甚至開展個人品牌副業。

個人形象設計的三大構面

1. 專業定位（你在市場上代表什麼價值）

你的專業主題是什麼？例如：B2B 顧問型銷售、科技產業解決方案、零售營運優化、會員經營與 CRM。

建議選定 1～2 個主軸深耕，讓他人能快速定位你、主動提起你。

第四節　品牌經營與個人形象設計

2. 視覺與溝通風格（你如何讓人感受到你）

你的社群照片、簡報風格、說話語氣、名片內容，是否一致並強化你的價值形象？

可參考：清晰風格（簡潔專業）、信任風格（溫暖穩重）、創新風格（活潑有觀點）

3. 內容產出（你留下了哪些價值）

你有沒有累積一套讓人「看得到你的專業」的素材？如案例紀錄、學習心得、提案紀律、顧客訪談、產業洞察等。

可透過部落格、LinkedIn、Medium、簡報分享會、內部教育訓練等形式輸出。

案例：品牌轉型計畫

這是一家提供中大型企業 ERP 整合服務的公司。業務顧問瀚昇過去仰賴強力提案與銷售話術，但近年開始導入「顧問式品牌經營」概念。

他為自己設定「製造業數位轉型導入顧問」為專業主軸，並每月在 LinkedIn 分享一則實際客戶轉型案例心得。同時，他設計專屬電子簽名、名片 QR Code 導入個人簡報頁，並固定為內部新進業務進行銷售教學講座。

半年內,他獲得三次受邀業界講座機會、五筆客戶因閱讀內容而主動洽談合作。主管將他升為策略經理,負責全公司關鍵客戶開發專案。

打造個人品牌的五步策略

(1)釐清定位與目標受眾:你要讓誰記住你?你希望他們說起你時用什麼詞形容你?

(2)建立品牌素材包:設計個人簡介文、頭像、代表標語、代表專案,方便隨時使用與分享。

(3)制定內容輸出計畫:每月產出一則主題內容,如案例觀察、實務提醒、學習筆記。

(4)擴展曝光節點:主動參加業界活動、擔任引言人、投書專欄、申請內部講師。

(5)收集回饋與定期優化:記錄他人對你內容的回應、搜尋結果、轉換成效,並每季微調策略與風格。

結語:當你經營品牌,你就不是「一位業務」,而是一個影響力單位

總結來說,品牌經營與個人形象設計,不只是為了好看,而是讓你的價值可被辨識、可被傳播、可被放大。當別

人因為相信你而選擇你的產品,當合作夥伴願意找你共事,是因為你讓他們看見了你的真誠、專業與可持續性 —— 這就是個人品牌的真義。

請記住:成交是結果,品牌是過程。形象,是你每天如何說話與行動的總和,而品牌,是這一切的累積與昇華。

第十二章　打造永續競爭力：從業務員到策略思維者

第五節　終身學習者的心態建構

在快速變動的業務世界中，「學會」並不是終點，而是起點。今天的業務成功公式，很可能明天就過時；昨日的說服技巧，明天面對 AI 助理時可能就無效。真正能在長期中勝出的業務人才，靠的不是記住多少技巧，而是是否具備「終身學習者的心態」。

終身學習不只是上課、拿證照，更是一種深層思維模式與生活方式。它源於對成長的渴望，對未知的好奇，以及對變化的主動擁抱。擁有這種心態的業務人員，不僅能迅速學會新技能，更能在逆境中保持學習動能，轉換思路、創造機會、超越自我。

為什麼業務更需要終身學習？

1. 產業變動快速，知識需不斷更新

每個產業的商業邏輯、競爭模式與客戶關注點都在演變。過去的銷售話術或商機切點可能在幾個月後就完全失效。

2. 工具疊代迅速，數位素養成關鍵

CRM、AI 輔助銷售、行銷自動化等工具不斷更新。學習速度慢的人，即使口才再好，也將被流程與效率淘汰。

3. 顧客越來越聰明，要求越來越高

顧客對資訊掌握更快、知識門檻更高，期待的不只是產品介紹，而是策略性建議、趨勢判斷與整合式服務。

4. 多職能融合為業務新標準

現代業務角色不再只是「賣」，而是同時擔任顧問、分析師、教育者、品牌代言人與創意策略設計師等多重身分。

5. 個人職涯需要更多主動性與可轉移能力

終身學習不只是幫助你「賣得更好」，更是未來轉職、創業、晉升、橫向發展的基礎能力與信心來源。

終身學習的七種實踐方式

1. 主題閱讀計畫

每月聚焦一個主題（如：談判心理、產業趨勢、資料分析等），閱讀 1～2 本相關書籍或系列文章，並整理成筆記、簡報或社群分享。

2. 案例分析與學習拆解

每週選擇一個成功或失敗的提案或顧客互動,做逆向分析:為何成功／失敗?可以如何複製或改善?

3. 輸入＋輸出循環筆記法

將每次學習的重點記下來後立即轉為應用場景、整理出一個建議句、發想一個小任務,提升記憶與行動率。

4. 每月一堂跨界知識探索課

跨領域學習能刺激思考彈性,例如上設計思維、行為經濟學、品牌溝通、ESG 等主題課程,激發新的業務切入觀點。

5. 每季一場個人知識輸出會

將三個月來的學習整合為一場內部分享、社群直播或文章,讓「學習變成可見成果」,也提升說服力與個人品牌形象。

6. 建立學習小組與夥伴圈

與 3～5 人組成固定學習夥伴圈,定期交換閱讀心得、練習提案演練、互相教學。群體支持能讓學習不孤單,也能推動彼此持續行動。

7. 反思式日誌與學習儀表板

每週撰寫學習反思日誌,記錄「學到什麼／感受到什麼／想改變什麼」,搭配學習進度儀表板(如 Notion、Excel)追蹤學習達成率與應用狀態。

案例:如何培養全員學習文化

這是一家新創成長型顧問公司,致力於協助中小企業推動數位轉型與人才升級。業務主管靜榆觀察到:儘管許多新進業務能力強、潛力足,但由於未建立長期成長心態,常在遇到挫折時情緒波動大、信心下滑快。

於是她推動「333 學習制度」:

◆ 每月閱讀三篇業界趨勢文章,內部分享討論一次
◆ 每三週提交一次輸出任務(學習筆記、提案簡報優化、模擬說明影片)
◆ 每三個月參加一場跨領域實體交流活動,擴展觀點與人脈

同時,她建立一個「學習貢獻排行榜」,鼓勵員工以知識輸出獲得內部獎勵與晉升機會。半年後,不僅提案簡報品質大幅提升,業務員在客戶前的信心表現明顯加強,主動提案成功率提升 22%,更有兩位新進同仁晉升策略顧問。

第十二章　打造永續競爭力：從業務員到策略思維者

結語：
學習力，是業務長期勝出的核心競爭肌肉

總結來說，終身學習不只是職場加分，而是你能否在未知未來中保持選擇權、升級潛能與主導權的根本依據。它讓你從「執行指令的業務」成為「創造價值的專業者」。

請記住：你每天看的東西、吸收的資訊、反思的深度，決定了你半年後與其他人的差距。真正的高手，不是知道得最多，而是每天都比昨天更有力量、更有深度、更有策略。

第六節
策略性職涯規劃：
業務也能進入決策圈

在許多企業中，業務角色常被視為執行者，負責推廣產品、完成業績。然而，在這個講求跨界、策略整合與價值主導的時代，真正有潛力的業務不應只停留在執行線上，而是要積極思考如何從業績執行者轉型為決策參與者。這樣的轉變，不僅為個人開拓更多職涯可能，也讓企業看見業務在市場洞察、顧客回饋、產品優化等面向的關鍵價值。

策略性職涯規劃，並不是放棄銷售，而是讓「做業務」成為邁向決策圈的入場門票。只要你能掌握趨勢、回饋市場聲音、提出產品建議與策略洞察，未來你可能不只是業務總監，而是產品經理、營運主管、策略長，甚至創業者。

為什麼業務能進入決策圈？

1. 最貼近市場與客戶需求

業務每天站在第一線，了解顧客行為、產業變化與競品動態，這些資訊是策略規劃最需要的素材來源，提供即時、真實、可行的市場回饋。

2. 熟悉跨部門合作與資源調度

在推進銷售過程中，業務需串連產品、客服、行銷與財務，天生具備整合與談判能力，也具備在策略會議中調和不同部門利益的潛力。

3. 能為決策提供真實回饋與風險預判

相較紙上談兵的策略模型，業務能提供第一線接觸的顧客語言、實地情境與風險提示，形成策略現場化與執行化的基礎。

4. 理解商業循環與利潤模型

成熟的業務對於客戶採購邏輯、利潤分配、定價策略與回購模式都具備實務經驗，能補強決策圈常見的抽象設計盲點。

策略性職涯規劃的四大步驟

1. 重新定義「我的價值角色」

不只是「達標者」，而是「市場分析者」、「策略實驗者」、「顧客體驗設計者」、「價值提案者」。要懂得從「我成交了什麼」轉向「我創造了哪些內部決策依據與客戶價值」的觀點。

2. 盤點與建構「可轉移能力」

包括簡報設計力、提案架構力、商業模式設計力、資料整合與資料分析、專案規劃力等，皆可轉移至其他職能。這些能力讓業務角色突破部門牆，參與跨領域決策討論。

3. 累積策略參與經驗與作品

爭取參與產品策略小組、行銷預算設計、KPI 優化會議等。並建立屬於自己的「策略成就檔案」，記錄你如何促成一次業務模式轉型、一項合作流程優化或一次策略性資源整合提案。

4. 打造個人影響圈與聲譽平臺

建立內部講師角色、發表內容行銷觀點、參與業界論壇，讓你的聲音在公司內外都被認可為「具有洞察力的實踐者」。

案例：策略性業務轉型故事

這間公司提供企業自動化倉儲解決方案。業務代表展宏在任職兩年後，主動向主管提出「建立客戶分級決策路徑」的建議，並利用 CRM 資料與過往案場訪談紀錄，建立三種典型客戶模型與回購傾向分數矩陣。

第十二章　打造永續競爭力：從業務員到策略思維者

　　他設計一份「策略性成交預測報告」，分析不同類型客戶的平均成交週期、反應點與提案模式差異，協助行銷部門調整廣告投放標語與預算配置，同時建議產品團隊優化模組排程與提案簡報邏輯。

　　由於這項提案成效卓著，主管將其納入內部「市場洞察推進小組」並延攬他為產品與市場聯繫協調官。他定期參與高層會議，成為連接銷售現場與決策桌的重要橋梁。

　　展宏說：「我從沒打算離開業務工作，只是不再只用成交來定義自己，而是用市場策略思維來幫助公司與團隊做出更對的選擇。」

延伸發展：策略型業務員的多元出路

　　(1) 產品經理／用戶經理：善於觀察顧客回饋與轉化行為者，具備產品優化與旅程設計潛力。

　　(2) 營運策略主管：具備流程敏感度與跨部門溝通力者，能承接內部流程優化與資源分配任務。

　　(3) 顧問型業務導師／內部講師：將一線經驗轉為模組化知識，傳遞給新進同仁或其他部門。

　　(4) 創業與聯合創辦人：熟悉產品與市場轉化邏輯者，更容易承擔早期業務開發與策略定位。

結語：
從業務執行者到策略思維者，是能力，
也是一種選擇

　　總結來說，業務不是不能進入決策圈，而是太多人忘了業務其實離市場最近，也最有資格提供決策素材。當你願意多觀察、多記錄、多提案，累積策略觀點與實務洞察，你就不是單純的業務員，而是一位能對未來做出貢獻的商業設計者。

　　請記住：策略不只存在會議室，也存在你與客戶對談的每一刻。當你開始以策略的視角看待業務，你的價值將突破績效指標，成為企業未來的推動者。

國家圖書館出版品預行編目資料

慢熱成交，讓顧客主動踏入的高信任銷售：學會十二步驟，把「我再想想」變成「我現在就要」/ 躍升智才 著 . -- 第一版 . -- 臺北市：山頂視角文化事業有限公司, 2025.07
面； 公分
POD 版
ISBN 978-626-7709-28-3(平裝)
1.CST: 銷售 2.CST: 行銷策略 3.CST: 顧客關係管理
496.5 114009128

電子書購買

爽讀 APP

慢熱成交，讓顧客主動踏入的高信任銷售：學會十二步驟，把「我再想想」變成「我現在就要」

臉書

作　　者：躍升智才
發 行 人：黃振庭
出 版 者：山頂視角文化事業有限公司
發 行 者：山頂視角文化事業有限公司
E - m a i l：sonbookservice@gmail.com
粉 絲 頁：https://www.facebook.com/sonbookss/
網　　址：https://sonbook.net/
地　　址：台北市中正區重慶南路一段 61 號 8 樓
8F., No.61, Sec. 1, Chongqing S. Rd., Zhongzheng Dist., Taipei City 100, Taiwan
電　　話：(02) 2370-3310　傳　　真：(02) 2388-1990
印　　刷：京峯數位服務有限公司
律師顧問：廣華律師事務所 張珮琦律師

-版權聲明-

本書作者使用 AI 協作，若有其他相關權利及授權需求請與本公司聯繫。
未經書面許可，不可複製、發行。

定　　價：420 元
發行日期：2025 年 07 月第一版
◎本書以 POD 印製